BEIJINGSHI ZHIWU ZHENSUO
DE TANSUO YU FAZHAN

北京市
植物诊所
的探索与发展

北京市植物保护站　组编

中国农业出版社
北京

2016—2020年，中央1号文件连续5年提出"深入推进化肥农药零增长"行动，推动以"绿色、生态"为主题的都市型现代农业发展成为北京当前及今后的重要任务。2009年，北京市各级植保科研和技术推广部门引进、示范和推广了一大批绿色防控技术，对减少化学农药使用以及保障生态环境安全起了很大的推动作用。北京市小农户数量众多，用药水平、安全意识相对薄弱，而一线植保技术服务推广人员数量有限，不足以满足所有农户病虫害防治需求，植保公共服务无法全覆盖，科学、高效的绿色防控植保技术在生产实践中难以全面有效地推广与应用。

2012年，北京市植物保护站引入国际应用生物科学中心（CABI）的"植物智慧"（Plantwise）项目，在延庆区建立了第一家植物诊所。植物诊所以公益、绿色、专业、科学作为建设的基本原则，以植物医生一对一问诊的方式为农户提供病虫害诊断和防治咨询服务，通过面对面讲解绿色防控技术的理念、操作要领，提供覆盖面广、针对性强、可行性高的公益性病虫害诊断和绿色防控技术咨询服务。

2017年，为提高植物医生服务效率，扩大植物诊所覆盖领域，北京市植物保护站建立了"北京市农药减量使用管理系统"，并于2018年开发了移动端应用程序（App）"植保通"，利用"互联网+"技术，将植物诊所工作与北京市农药减量和绿色防控补贴政策相结合，既实现了植物诊所与信息化技术的融合，又实现了植保管理工作的数字化和自动化，并进一步加速拓展了植物诊所服务广度和深度，创新了绿色防控技术推广模式。

截至2020年12月31日，北京市已有植物总医院1家、区级植物医院4家、植物诊所115家，培训植物医生650名，开具病虫害绿色防控综合处方194 178份，有效推广了绿色防控技术，减少了无效化学农药投入，更重要的是延伸了公益性植保服务链，解决了植保技术推广"最后一公里"的难题，以有限的投入让近20万人次的农民享受到了高效的公共服务。

本书主要从植物诊所建设背景、北京市植物诊所建设、小诊所里的大数据、北京市三级植物健康体系、植物诊所取得的主要成绩、展望等几个方面，为读者展示了北京市植物诊所和北京市三级植物健康体系的建设、发展及主要成绩。希望本书能够使更多读者了解北京市植物诊所和北京市三级植物健康体系，能够让更多的农民来到植物诊所解决病虫害难题，了解并应用绿色防控技术，能够保障产业生产安全和农产品质量安全，助推北京市都市型现代农业绿色发展。

本书编撰过程中，得到了"植物智慧"项目的大力支持，在此致以谢意。

由于编写人员学识水平有限，实际经验不足，书中难免有错误、遗漏和不妥之处，恳请读者、有关专家批评指正。

编　者

2022年2月19日

目录
C O N T E N T S

01 第一章 PART ONE
植物诊所建设背景

一、北京农业现状与特点

北京是全国的政治中心，是特大型国际化都市，其农业的定位与全国其他地区有显著不同，其发展受到城市经济社会发展的全方位影响。在20世纪物资短缺的时代，北京的农业主要发挥了基础供应作用，冬贮大白菜一度成为北京市民饭桌上的回忆。随着首都城市化进程的加快，北京农业的功能定位、发展空间、从业者结构和支撑体系等不断发生变化。全面掌握这些内在变化，对做好北京农业的科技服务工作具有重要意义。

（一）农业功能定位发生变化

20世纪末期，北京农业作为特大城市战略性基础产业，其地位得到了很好的巩固。从20世纪80年代的城郊农业，到20世纪90年代朝阳、海淀、丰台等区（县）先行探索的都市农业，在发展历程中，北京始终坚持"服务首都、富裕农民"的发展理念，每一阶段的发展调整都根据不同时期城市功能定位和城乡建设需要，成功走出了一条都市型现代农业的发展道路。特别是自2015年以来取得了巨大成绩，为首都鲜活农产品供给提供了基本保障，也为首都经济社会繁荣稳定、持续发展作出了重大贡献，其不可替代的作用越来越突显。

21世纪初期，经过改革开放几十年的快速发展，北京的农业进入了转型发展期，从产业结构来看，传统蔬菜、粮食的生产规模进一步缩减，粮食生产规模由20世纪70年代至80年代的400多万亩*缩减至100万亩左右。与此同时，休闲农业、会展农业、创意农业等新产业蓬勃发展；从产业化经营来看，农业龙头企业、农民专业合作社等发展迅速，在全国的影响力越来越大。

随着北京经济社会的发展、郊区城市化进程的加快和人民生活水平的不断提高，农业从郊区农村常住居民赖以生活的基础产业，进一步拓展为城市居民休闲放松的后花园、首都绿水青山的重要载体，农业的生产、生活、生态功能逐步开发。2003年，北京市委、市政府提出了建设都市型现代农业的发展战略。都市型现代农业是都市经济发展到较高水平时，随着农村与城市、农业与非农业的进一步融合，为满足都市城乡一体化建设的

---

* 亩为非法定计量单位，1亩=1/15公顷。——编者注

需要，在整个城市区域范围内形成的紧密依托并服务于城市的、生产力水平较高的农业生产和运行体系。

（二）农业发展空间受到挤压

20世纪80年代以来，随着首都城市规模和人口数量的迅速扩张，北京工业化水平和城市化水平大幅提高。与此同时，大量的耕地被占用，人多地少的矛盾进一步加剧。北京市总耕地面积由改革开放初期（1981年）的45.6万公顷减少到2001年的28.76万公顷，人均耕地面积由0.12公顷减少到不足0.026公顷。根据国土资源部颁布的《北京市土地利用总体规划》，北京市耕地总面积到2020年将控制在21.5万公顷，基本农田控制在18.7万公顷。

北京的农业发展空间受到限制，主要基于以下两大因素：

1．北京水资源严重匮乏，农业生产受到限制

北京是重度缺水的特大城市。21世纪以来北京已连续多年干旱，年均降水量480毫米。密云水库年均来水量2.7亿米^3，为以往多年平均来水量的28%；官厅水库年均来水量1.3亿米^3，为以往多年平均来水量的14%，年均形成水资源量约21亿米^3。连续多年的干旱，加之城市快速发展和人口过快增长，首都水资源供需矛盾日益突出。到2013年底，人均水资源量由1998年的300米^{3}锐减至100米^{3}左右，不足世界平均水平的1/80。日益庞大的城市规模造成用水量过快增长，超过了水资源承载力和水环境容量。

按照"以水定地、以水定业"的方针，北京市委、市政府于2014年9月4日印发《关于调结构转方式发展高效节水农业的意见》，提出"调粮、保菜、做精畜牧水产业"的目标，计划将粮食种植面积缩减至80万亩，逐渐减少高耗水作物种植，重点发展种子田、旱作农业田、生态景观田，导致粮食种植面积大幅减少，农业生产空间受到限制。

2．首都生态建设增加森林绿化覆盖率的需要对农业用地的挤压

作为一个人口众多的国际化大都市，北京市历来重视以园林绿化为重点的生态建设工作。城市生态的建设需要增加森林绿化覆盖率。北京市委、市政府于2012年启动平原地区百万亩造林工程，至2015年北京市新增105万亩林地，平原地区森林覆盖率由14.85%提高到25.6%。此后两年，北京又在城市副中心等重点区域新造林地12万亩，平原地区森林覆盖率提升至26.8%，比5年前提高近12%。2018年1月，《北京市新一轮百万亩造林绿化行动计划》（以下简称《行动计划》）审议通过，提出到2022年，北京市新增森林、湿地、绿地面积100万亩，其中新增森林93.8万亩、湿地3.6万亩、绿地2.6万亩。

在有限的土地上增加园林绿化用地，势必进一步压缩农业用地，农业主战场进一步向远郊区收缩。

（三）农业从业者群体结构发生变化

"大城市、小农业"是北京市农业特色，随着首都城市化进程的加快，城市生活对人才的"虹吸效应"凸显。与全国各地的农民群体一样，北京农村同样出现"空心化"趋势，特别是在延庆、昌平、门头沟等地，部分村庄人口已由鼎盛时期的数百人缩减至数

十人，农业从业者同样出现老龄化，平均年龄65周岁以上的村庄不在少数。

第二次全国农业普查数据显示，2006年末，北京市共有农业生产经营户61.91万户，占农村常住户的比例为43.11%，比1996年第一次全国农业普查的55.39%减少12.28个百分点。在农业生产经营户中，以农业收入为主的占35.65%，比10年前减少5.44个百分点。北京市共有农业生产经营单位5 460个。

从统计数据来看，北京农业从业者群体老龄化、低学历化现象日益突出。此外，北京农业从业者人口流动性较大，北京周边大量的草莓、西瓜、甜瓜设施农业和流转的规模化园区的经营者和管理者有相当一部分来自山东、河北、河南等地，"种一年换个地方再种"的现象比较普遍，从而为长期培养高素质农民、提高农业质量效益带来挑战。

（四）农业科技重研发、轻服务

作为全国的科技创新中心，北京市拥有全国最强大的农业科研实力，北京市农业科技贡献率达70%，接近发达国家水平。目前，北京市拥有农业科研机构70家，涉农科研院校科技人员约2万人，两院院士占全国的一半。北京市政府不断创新农业社会化服务体系，形成了以农业、林业、水利、科技、发展和改革、财政等公益性服务部门为主导，以农民专业合作经济组织为基础，以农业科研、教育、推广机构及涉农企业为主题的农业科技服务体系。

从农业科技体制机制创新上来看，2010年，国家农业产业技术体系北京市创新团队开始组建，团队整合了中国农业大学、中国农业科学院、北京市涉农三院（北京市农林科学院、北京农学院、北京农业职业学院）以及北京市农业农村局所属的技术推广机构。除了技术研发中心和综合实验站，还创新性地增设了基层农民田间学校工作站，更加突出强化技术的落地，年研发经费超亿元，为北京优势农业产业发展提供了重要的支撑作用。

从科技人员数量上来看，2006年末，北京市共有农业技术人员22 289人，在全国居于前列，但大多数为在京科研院所、高校的科技研发人员。市、区两级农技推广机构相对比较稳定，而乡镇农技推广机构受改革影响，人岗分离、队伍不稳、水平不高的现象普遍存在，真正服务于农业生产一线，能够满足农民技术指导和咨询服务需求的推广人员少之又少。

二、植保技术推广服务面临的问题

病虫害防治不仅是保障粮食安全和主要农产品有效供给的重要基础工作，而且是保障农产品质量安全、农业生态环境安全的重要环节。准确诊断病虫害，同时科学使用绿色防控技术，是植保工作的核心。

（一）植保技术公共服务覆盖面不足

从北京市植保队伍的技术服务供给侧来看，据植保统计数据显示，市、区两级植保站系统共有在职人员513人，其中专业技术岗位人员约占70%，共350人左右，包括了从事植物检疫、农药检测与管理、病虫害测报等多支队伍。经常下乡服务于农民植保技术指导和咨询的人员，市、区两级不超过150人。从技术需求侧来看，北京市农民约60万人，以150人的技术服务队伍满足约60万农民的技术服务需求，供需比达到1：4 000。

从生产组织形式来看，与欧美发达国家规模化、集约化的生产组织相比较，北京市的蔬菜和粮食生产仍以小农户的传统农业为主。以草莓产业为例，据2013—2014年生产季调查，户均种植1.47亩，且种植茬口、质量标准、种植模式、栽培品种等存在多样化；以番茄种植为例，北京主栽品种有仙客、硬粉、浙粉、千禧、绿宝石等十几种，有春提前、秋延后、秋冬、越冬、冬春五大茬口，有露地、塑料大棚、日光温室三种设施类型，有无公害、绿色、有机三个质量控制标准，生产组织规模小而杂，使得北京的植保技术服务模式不可能像发达国家一样，通过标准化生产规程就可以解决大多数人的技术需求，而是普遍需要提供个性化、一对一的技术指导和咨询服务。

由此可见，技术供需比的不足、生产规模的小而散导致了植保技术公共服务覆盖面的不足。根据2005年北京市农业局开展的都市农业农民需求调研显示，超过70%的受访农户表示，已有数年未见过农业技术人员。因此为满足广大普通农户的植保技术需求，迫切需要创新技术服务模式，引进新型服务手段和机制。

（二）绿色防控技术落地转化难

为贯彻落实新发展理念，应对化学农药使用带来的一系列负面问题，推动农业绿色和高质量发展，2006年农业部在全国植保工作会议上提出了"绿色防控"的理念和推进措施，通过建立"产学研推"一体的工作体系推进绿色防控，在全国各地部署建立绿色防控技术示范区，推进绿色防控与统防统治融合。

此后，各省市区农业植保部门进行了大量尝试，通过组织开展绿色防控技术培训班、召开分区域的绿色防控示范现场会等来推广绿色防控技术，不少地区还出台了绿色防控产品补贴推广政策，以期推动技术落地转化。

然而，在提出绿色防控理念以后的数年间，受适用技术少、技术集成水平不高、推广模式不适应、应用规模不大、绿色防控产品市场不热、销售渠道不畅以及政策支持力度有限等多重因素影响，绿色防控技术推广效果和覆盖率一直不算理想，到2014年，绿色防控覆盖率仅20%左右。

北京市围绕绿色防控产品研选、蔬菜全程绿色防控示范区建设、绿色防控农产品销售平台打造、绿色防控专业化服务组织建设等进行了大量的实践，使绿色防控技术覆盖率超过全国平均水平一倍以上，但仍然有大量的空白区。究其原因，绿色防控技术较为复杂的操作难以被农户有效掌握，技术应用效果不佳是农户不愿意采用的最主要因素。如何让绿色防控技术有效地被数量庞大的农户所掌握，成为摆在植保工作者面前的一道难题。

三、改革开放以来植保科技服务的探索与实践

（一）建立经营性植物医院体系

改革开放以来，随着家庭联产承包责任制的迅速普及，我国粮食和蔬菜生产呈现出

蓬勃的生命力。与此同时，农民对植保技术和产品的需求日益增加。20世纪80年代至90年代，国家经济社会建设快速发展，由此导致各级财政负担加重，基层农技推广体系经费保障不足。国家鼓励基层单位开展经营性服务，将许多原来有财政全额支持的单位转变为差额或自筹自支单位，以减轻财政负担。

在此形势下，基层植保部门探索了形式多样的经营活动，其中尤以"植物医院"和"庄稼医院"最为成功。因其适应了市场需求，又发挥了基层植保单位的优势，所以在20世纪末期和21世纪初期发挥了重要的作用。

1. 植物医院的作用和性质

20世纪80年代末期，为贯彻落实中共中央、国务院关于进一步加强农业和农村工作的决定，以及国务院关于加强农业社会化服务体系建设的通知，各地兴办了许多植物医院，其目的是在市场经济条件下加快有中国特色的农技推广工作的建设，加速植保新技术的普及和推广，有效地控制农作物病虫害。

乡镇植物医院是乡镇农技推广站兴办的社会化服务组织，它既是以技术为依托的公益性科技服务组织，又是自主经营的事业单位，实行企业管理，独立核算，自负盈亏。当时的乡镇级植物医院多为集体办，村级植物诊所多为个体办，有的与农民结合，以有限责任公司、股份合作制等形式兴办，形成植物医院经济联合体，这些都是农业社会化服务体系的重要组成部分。

2. 植物医院的职能职责

植物医院的主要任务是宣传、贯彻和执行"预防为主，综合防治"的植保方针，通过实行技物结合的优质服务，向农民宣传推广植保新技术，帮助农民解决防治病虫草鼠害的问题。其工作任务以及培训和服务的范围包括：①宣传和普及植保科技知识。利用多种宣传形式把防治对象、时间和方法及时传送到千家万户，以提高农民的植保知识水平。②开办门诊和提供技术咨询。植物医院必须有植物医生值班，及时为上门求诊的农民做出诊断并开出处方，为带着问题前来的农民提供技术咨询服务。在农民赶集日还要在集上设摊点供应农药和药械，并宣传植保知识，为赶集农民提供咨询。③田间巡诊和出诊。在病虫草鼠害发生季节，植物医生要定期进行田间巡回检查，对农民进行现场指导。受农民邀请出诊要及时赶到现场做诊断，确保服务到户，措施落实到田。④开展技术有偿服务。根据自愿和互惠互利原则与农民订立合同，开展承包防治。按作物种植面积合理收费，包查病虫草鼠害的发生情况，包药包治和代防代治，提供租赁和维修植保机械等多种形式的有偿服务，为农民提供方便。⑤协助乡农技推广站开展指导技术工作。具体内容有监测当地主要病虫草鼠害的发生动态；开展新农药、新植保机械和新植保技术的试验示范；承担植物检疫工作，防止危险生物灾害的传入、传播和蔓延，宣传并带头遵守植物检疫法规；带头遵守农药管理条例，不卖假冒伪劣农药；培训农民示范户，以便普及、提高植保技术和提高农民知识水平；做好当地生产工作中的植保技术参谋，协助当地政府开展生物灾害的防治工作。

3. 植物医生的职责

植物医生是保持植物健康，预防、缓解和治疗植物疾病的指导科技工作者。其职责是向农民宣传植保实用技术、帮助农民实施植物健康栽培以及生物灾害的预防和防治。

植物医生要适应农村商品经济发展的变化，通过不断学习，逐步提高解决生产中实际问题的能力。植物医生要持证上岗，而且必须刻苦钻研专业基础知识，熟练掌握各种诊断处方，用以分析判断植物病因，为确诊的病害开处方，提出经济有效的防治措施。植物医生还必须能够指导科技工作，热爱本职工作，工作中能吃苦耐劳，积极参加植保科技实践，逐步积累经验，以提高解决实际问题的能力。

4．经营性植物医院体系的建设

1992年，为满足植保社会化服务体系建设的需要，经北京市农业局和北京市编制委员会批准，于9月正式成立北京市植物总医院并开展门诊服务。截至同年12月，北京市成立各级植物医院94个，其中市级两个，区（县）级12个，乡镇级80个，另成立村级植物诊所44个。一个以北京市植物总医院为龙头的植保专业化社会服务体系网络初步形成。

（二）大力发展农民田间学校

为解决农技推广"最后一公里"问题，探索通过提高农民素质来加快农业科技成果转化的新途径，2004年12月，在农业部全国农技中心的支持下，北京市农业局开始筹划引入农民培训的新模式——农民田间学校。农民田间学校最早是由联合国粮食及农业组织（FAO）提出和倡导的一种农业技术推广和新型农民培养模式，并且被证明是当前对于推广复杂的有害生物综合管理知识的有效方法。农民田间学校模式的引进代表了一种农业技术推广方式根本上的转变：采用参与式方法来培养农民的分析技能、批判式思维和创新能力，帮助他们学习如何做出更好的决策。农民在技术人员的辅导下，找出"最好"的生产经验并相互分享，实现生产管理能力的提升。

1．引进与探索

2005年4月15—26日，北京市植物保护站（以下简称植保站）选派3名技术骨干参加了由全国农技中心组织举办的"中国/FAO蔬菜IPM①农民田间学校辅导员再培训班（RTOT）"。同年6月，各区（县）植保站选拔的30名技术骨干参加了首期"北京市蔬菜IPM辅导员培训班"，为农民田间学校发展奠定了师资基础。辅导员经过系统培训与实践后，结合各区（县）优势的主导产业，在花椰菜、食用菌、番茄、西洋参等经济作物上相继开办了15所探索与实践性农民田间学校。在北京市农业局的指导下，北京市植物保护站进行了一系列富有成效的探索和创新，主要做法如下：

①辅导员集中培训与分散实践同步。缺乏有经验的辅导员是北京农民田间学校起步阶段最迫切需要解决的问题。为在短期内迅速解决人才资源短缺问题，北京市植物保护站根据北京农业生产实际情况，创新辅导员培养模式，采用了集中培训、分散实践的模式，即在理论学习阶段实行集中培训，实践练习阶段为学员分组，分别到配套的三个实践性学校进行实践。这种理论结合实践的分段式培训是辅导员培养模式的有效创新，为北京农民田间学校的发展积聚了重要的人才资源。

②专业技术与参与式工具培训结合。即在参与式培训工具的讲授中融入技术内容，结合具体技术实例进行练习，使学员不仅能够掌握工具的基本使用程序和方法，而且能

---

① IPM 为有害生物综合防治的英文缩写。——编者注

够结合实例深入浅出地灵活运用。

③领导重视与多方宣传相结合。充分利用电视台、广播、网络等途径向社会各界普及和推广农民田间学校的理念与实践效果，并邀请各行业的相关领导进行现场观摩，使各级领导充分感受到参与式培训过程中广大农民所表现出的主动意识和创造能力，为农民田间学校下一步的发展赢得了必要的政策支持和社会舆论环境。

2．拓展与快速发展

经过一年多时间的实践与探索，2006年，北京田间学校逐步摸索出了一套适应北京农业生产实际情况的新路子，在北京表现出了蓬勃的生命力，引起了社会各界的广泛关注。自2006年6月开始，北京市种植业、养殖业的多个单位开始陆续加入田间学校建设行列，并以委托培养、联合培养等多种形式迅速培养了一批辅导员，为田间学校建设的快速推进打下了基础。2007年，北京市田间学校迅速扩展到300多所，为保证田间学校的持续健康发展，北京市农业局出台了一系列规范性政策文件，确保了田间学校在快速发展时期的平稳运行。主要做法如下：

①强化保障、加强制度建设。2007年4月23日，北京市农村工作委员会同有关部门共同研究制定了《北京市农民科学素质行动实施方案》（京科组办发〔2007〕9号），方案明确提出将农民田间学校作为培养"专业型"农民的重要模式；2007年8月27日，《北京市人民政府关于推进基层农业技术推广体系改革工作的实施意见》（京政发〔2007〕22号）明确提出将农民田间学校作为"探索机制灵活的村级基层服务组织（点）"的有效形式。2009年，北京市政府将农民田间学校的建设列入为民办实事工程，提出在延庆、大兴、顺义等10个区（县）建设200所农民田间学校，培养种养能手、科技示范户、乡土专家5 000名。以上制度、文件的出台，在制度层面确立了田间学校在农技推广工作中的重要地位，对田间学校的发展起到了极大的促进作用。

②确保质量，统一办学标准。在田间学校管理方面，为确保不同行业、不同地区办学质量的标准化，改变了过去各行业的站所各自为战的局面。2009年，由北京市农业局统一牵头，北京市植物保护站、农业技术推广站（以下简称推广站）、土肥站、畜牧兽医总站和水产技术推广站作为成员单位积极配合，协调推进，做到了9个统一，即统一师资培养、统一学校申报、统一办学规范、统一网络管理、统一标牌、统一评估、统一资金标准、统一档案管理和统一宣传。

③整合资源，多部门联合推进。2008年3月，北京市农业局、市农委、市科委、市财政局联合发布《关于加快京郊农民田间学校建设的实施意见》（京农发〔2008〕45号），明确了各自在田间学校建设工作中的责任。除此之外，市委组织部和宣传部、市妇联以及相关农业协会和农业科研院所等不同程度地参与了田间学校相关工作，为田间学校的推进营造了良好的社会氛围，有力地促进了田间学校的发展。

3．主要发展与影响

①建设依托主体逐步拓展。2006年7月，北京市植物保护站联合"中国－加拿大可持续农业发展合作项目"在昌平举办了一期辅导员培训班。来自北京市推广系统的10名技术负责人参加了培训，成为各行业田间学校的重要推动者。随后，各行业陆续开展了各自的辅导员培养，并依托本系统区（县）、乡镇级技术力量，全面开始了田间学校的建设

工作。2008年年底，应北京市园林绿化局邀请，由北京市农业局组织协调一批核心辅导员为北京市林业系统的36名乡土专家开展了参与式农技推广方法的培训，标志着林业系统开始涉足田间学校领域。从2009年起，延庆、平谷等区（县）的农业广播电视学校也加入了田间学校建设行列，使田间学校建设的主体得到进一步拓展。

②田间学校涉及的产业迅速拓展。从产业布局来看，种植类田间学校数量多于养殖类，其中蔬菜、粮食、瓜果等种植类田间学校数量占总量的近50%，与北京农业的产业结构保持一致。除传统的蔬菜、瓜果及粮食作物外，田间学校还在鲜花、中药材、观赏鱼、采摘果品以及旅游农业等领域表现出了较强的活力。

③辅导员队伍和田间学校的数量迅速增加。辅导员培养在专项经费的支持下，能够满足田间学校发展的需要。2005—2010年北京市农民田间学校辅导员和学校数量始终保持了较高的增速。截至2010年底，北京市辅导员人数接近500人，为日后田间学校的快速稳步推进提供了重要的人才和智力支撑。北京市已在758个村开办了农民田间学校，占北京市农村的19.19%，近4万人接受了农民田间学校的培训。

④培训与服务内容多元化。在培训与服务内容方面，农民田间学校首先集中力量解决农业生产中最迫切的技术问题。在解决技术问题的过程中培养农民主体意识、协作发展意识、食品安全意识等多方面意识。除了满足农民基本的技术需求之外，还根据各区域农村经济社会发展需要，安排了计算机使用、插花技术、民间舞蹈等多种类型的活动，充分满足了农民对更高一级文化精神的需要，体现了"以人为本、以能为先"的办学理念。

⑤社会认可度得到提高。农民田间学校在北京的实践与发展赢得了社会各界的广泛认可。中央电视台农业频道专门拍摄了五集系列宣传片《走进农民田间学校》，北京电视台公共频道连续两年对北京农民田间学校进行专题报道，共40余期。2008年，北京市委宣传部委托第三方调查机构的调查表明，农民田间学校是最受农民欢迎的培训模式；中国科学院中国农业政策研究中心对北京市植保系统番茄农民田间学校的调查显示，农民田间学校的学员种植的番茄增产15% ～ 18%。

4．存在问题与发展探讨

作为一项新理念、新事物，农民田间学校在短短几年时间里就覆盖了北京近20%的村，取得了良好的经济、社会和生态效益，受到了广大农民、农技人员和各级政府的高度重视，成为北京农民培训和农技推广领域不可或缺的新形式、新理念和新方法。然而，在新的发展起点，重新审视广大辅导员和管理人员对农民田间学校内涵的理解和应用，仍存在不少误解和偏差，主要体现在：

①对参与式的理解和应用存在偏颇。对参与式的内涵理解不深、不透，导致在应用过程中过分注重形式，不注重实效，造成了参与者的反感。实际上，参与式是一种理念，其核心的思想就在于通过培养参与对象的自信心和集体协作能力，激发其自身的潜力，鼓励和引导参与对象关注和解决自身问题。因此，一切有利于调动培训对象参与积极性的方法都可以纳入参与式培训范畴，如头脑风暴、季节历、团队建设游戏、问题树和目标树、各种类型的研讨会、辩论赛、角色扮演、动手试验等，而且一定要根据培训内容，本着调动农民主体积极性的原则，灵活选择方式方法，切忌生搬硬套。

②培训工具和方法的应用与技术脱节。辅导员对参与式工具的使用存在一定局限性，主要表现为工具和方法与技术脱节，经常出现就方法说方法、就工具说工具的现象。这种现象源于辅导员培训环节的激进式培养，即在田间学校发展高峰期，为快速积聚田间学校所需要的师资，在培训环节对辅导员仅开展了短期的参与式理念与工具和方法的集中培训，缺乏结合具体技术的应用经验，导致辅导员素质较低。辅导员培训应结合技术内容，加强工具方法的实践练习，用"两条腿走路"，避免方法与技术各行其道的现象。

③缺乏可持续发展机制探索。虽然在管理方面出台了一些有利于持续发展的政策，但基本属于外部环节的支撑和保障，如建立长期的技术指导小组、资金连续支持三年、结合试验示范项目等，但均未涉及对作为发展主体的广大农民内在意识和行为的触动，因此导致可持续发展受阻。解决此类问题应首先转变思想，加强对农民自身开展试验、成立合作组织、自主创新及经验传播等主体行为的鼓励和引导，给予必要的政策、物资和技术支持，调动农民主体的积极性，激发广大农户发展的内源动力，实现可持续发展。

（三）建设绿色防控示范基地

总体来看，绿色防控是指从农田生态系统整体出发，以农业防治为基础，积极保护利用天敌、恶化害虫的生存环境，提高农作物抗虫能力，在必要时合理使用化学农药，将病虫危害造成的损失降到最低。它是持续控制病虫灾害、保障农业生产安全的重要手段。

新的防治理念、防治技术需要配套新的推广方法。与传统化学防治相比较，绿色防控技术操作要点多、速效性差、效果稳定性低，如不能掌握使用方法，效果难以保障。因此，简单的课堂培训、大众传媒介绍等传统方法很难让绿色防控技术广泛落地应用。2013年起，北京市植物保护站组织区（县）植物保护机构在北京开始建立蔬菜病虫害全程绿色防控示范基地，集中示范蔬菜病虫害全程绿色防控技术，结合北京市农药检打联动保障农产品质量安全行动，以点带面，全面推进蔬菜病虫害绿色防控，减少化学农药使用，初步实现蔬菜高效生产、产品安全和农业面源污染控制的有机结合。

建立农作物病虫害绿色防控示范基地，示范推广绿色防控技术，能够有效提升病虫害的防控水平，降低病虫害发生面积和危害程度，有效减少农药的使用。2015—2020年北京市建立蔬菜病虫害绿色防控试验示范基地70个，覆盖面积2.3万亩。自2013年北京市启动蔬菜病虫害全程绿色防控示范基地建设至今，北京市蔬菜病虫害绿色防控试验示范基地数量累计已达105家，覆盖面积达3.4万亩。在绿色防控基地内，绿色防控技术使用率100%，专业化统防统治比例达80%以上，平均施药次数减少5～13次，减少化学农药用量27%～42%，病虫防治效果提高20%以上，亩均节本增收10%以上，产品农药残留检测合格率100%。此外，为保障绿色防控技术的可持续发展，京津冀三地联合搭建植保服务平台，为区域内农业生产者提供高效沟通平台，确保农药减量工作顺利开展。

（四）探索推进专业化统防统治

防治病虫害是农业生产中劳动强度大、用工多、技术含量高、任务重的环节。加之大量农村青年常年外出务工，劳动力出现结构性短缺，迫切需要发展专业化统防统治组织，来解决一家一户防病治虫难的突出问题。20世纪90年代中期，为应对棉铃虫大暴发的严峻形势,在全国13个棉花主产省,全国农业技术推广服务中心组织实施了棉花重大病虫害统防统治产业化推广项目,是专业化统防统治的先行者。

进入21世纪,现代农业发展驶入集约化、规模化、标准化的快车道,目前专业化统防统治服务组织作业面基本覆盖全国所有的县、乡、村。主要类型包括专业合作社型、企业型和规模化生产经营主体自有型。此外,各地还有村级组织型、村民互助型等其他类型专业化统防统治服务组织。截至2019年,在有关部门备案的"五有"规范组织达到4.2万个,从业人员141.5万人,日作业能力突破1 000万亩。

1.植保专业化服务组织建设现状

北京市植保专业化服务工作经过10余年时间的探索,近几年已经由数量发展向质量发展转变。为促进植保专业化服务的规范发展,北京市植物保护站于2017年和2018年连续两年开展了《北京市蔬菜植保专业化服务组织名单》评审工作,最终17家服务组织入围2018年北京市蔬菜植保专业化统防统治服务组织名单。入围的服务组织同时获得承担当年政府购买专业化植保服务试点项目的候选资格。截至2019年年底,北京市共有各类植保专业化服务组织69家,从业人员达1 150余人,喷杆喷雾机、常温烟雾机等高效植保机械939台,日作业能力约10万亩,服务能力覆盖全北京市。

2.植保社会化服务开展情况

各服务组织在市、区两级植保部门的指引下,大力开展植保专业化服务。北京市69家植保专业化服务组织中,可提供植保社会化服务的服务组织数量为32个,其中22个为企业性质,其他组织仅服务于当地园区、合作社成员或周边农户。2019年,北京市共实施植保专业化服务相关项目9个,总资金量1 600余万元,服务面积2.1万余亩,涉及园区近300家、农户420余户。各项目的重点内容与实施方式各有不同,比如北京市植物保护站承担的2019年生态农业建设——北京市农作物化学农药减量控害技术集成与推广其他农业服务采购项目,投入资金近400万元,在北京市13个涉农区开展植保专业化服务,推广病虫害全程绿色防控技术,总示范面积1.175万亩,同时开展相关支撑技术的研究工作。

3.存在的问题

专业化统防统治服务组织目前存在的问题主要包括:①服务订单少,吃不饱。根源在于服务对象规模小、地块分散,导致服务组织的规模效益难以发挥、成本难以降低,很多生产者对专业化服务的认可度不高,仍习惯于自己采用传统的大剂量施药方式,服务组织的长远发展受到制约;②服务组织普遍设备陈旧,服务不够高效。许多组织的设备仍为10余年前的,设备的高效性、科学性不高,许多处于带病作业,存在安全隐患;③总体发展水平参差不齐。无论是设施装备、人员素质还是规范程度,组织间都存在较大差距,影响了整体形象和口碑。而以上问题的根本原因之一,在于缺少政策性支持,在设施设备更新、人员队伍培育等方面存在发展瓶颈,服务组织发展动力不足。

四、全球"植物智慧"(Plantwise)项目

(一)"植物智慧"项目背景和框架

"植物智慧"项目是国际应用生物科学中心(CABI)于2011年牵头启动的一个全球规

划，旨在与全球相关机构合作，构建一个全球病虫害防治体系，帮助发展中国家的农民防治作物病虫害，减少因作物病虫害造成的损失，提高农民收入，并帮助发展中国家的政府加强国家植物健康体系建设，保障粮食安全，提升农产品质量安全水平。

这一体系以两种创新的方式和途径提供咨询服务、传播知识：一是通过"植物诊所（Plant Clinics）"面对面地为当地农民免费提供植物保护问题的实用解决方案；二是通过一个综合的"知识库（Knowledge Bank）"以在线或离线的方式免费分享植物保护实用知识，其中包括植物病虫害智能诊断、病虫害明白纸（Factsheet）和黄绿列表（Green and Yellow List）资料库等内容，为植物诊所提供诊断和防治建议的技术支持（网址：https://plantwiseplusknowledgebank.org）。"植物智慧"项目框架和流程见图1-1。

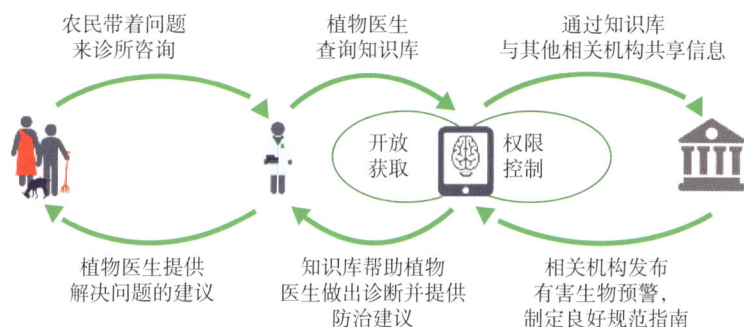

图1-1 "植物智慧"项目标准框架和流程

（二）"植物智慧"项目全球进展

从2011年起，英国国际发展部（DFID）、瑞士发展合作署（SDC）、欧洲援助（EuropeAid）、荷兰外交部（DGIS）、澳大利亚国际农业研究中心（ACIAR）、国际农业发展基金（IFAD）、中国农业农村部（MARA）及荷兰科伯特基金会（Koppert）等机构先后加入"植物智慧"联盟，为项目在全球的开展提供资金资助。

CABI与合作伙伴一起，在项目国家开展标准化植物医生培训、建立并运行植物诊所，为当地农户提供作物病虫害诊断和防治的专业化咨询服务。同时，支持合作伙伴利用诊所处方数据对诊所服务进行质量控制，并鼓励植物诊所与当地政府相关工作重点融合发展，提高诊所的可持续性。合作伙伴广泛涵盖政府农业管理部门、农业技术推广机构、大学、研究院所和企业，以及非政府机构和其他国际组织等不同利益相关方。截至2020年底，"植物智慧"项目在亚洲、非洲和拉丁美洲已帮助34个发展中国家培训了12 900多名植物医生，建成了近5 000个植物诊所，累计受益农户达5 400万人次。"植物智慧"知识库中有项目自主开发的农业技术明白纸4 000多种，知识库在线访问量累计达237万次。

"植物智慧"在推广植物诊所标准化运行的同时，积极融入各国的农业技术推广服务体系，在很多国家形成了具有鲜明本地特色的植物诊所协作网，如在巴基斯坦与政府推广体系完全融合的国家植物诊所体系、在斯里兰卡和越南与农技短信服务结合的植物诊所服务，以及在印度和尼加拉瓜与农民合作社合作运行的植物诊所等。另外，基于标准化植物医生培训教程开发的植物健康问题诊断和防治在线课程（Crop Pest Diagnosis and

Management）、植物医生模拟游戏（Plant Doctor Simulator），以及"植物智慧"在线管理系统（Plantwise Online Management System，POMS）等在线资源，为合作伙伴提供了全方位的数字化和信息化支持。

在项目管理层面，项目发布了7项政策声明（Policy Statement），内容涉及农药使用、植物诊所数据利用、有害生物报告、跨国转移需要鉴定的生物标本等，约束并指导项目参与各方严格遵守相关领域的国际公约和惯例。监测与评估（Monitoring & Evaluation，M&E）也是项目工作的重要组成之一，项目开展的一系列影响评估研究，帮助项目团队总结经验、吸取教训并及时调整工作计划，确保项目高质量实施。同时，由第三方专业评估机构承担的多项外部评估结果也显示了"植物智慧"在提高农业生产和改善农民生计方面的积极影响，如2019年美国研究学会（AIR）对"植物智慧"在巴基斯坦的影响评估报告指出，项目在巴基斯坦建成的964家植物诊所帮助农户在小麦、水稻和棉花上的增产率达8%，由此为巴基斯坦农业年产值贡献1 080万美元。

自2013年起，"植物智慧"先后斩获6项国际大奖，入围2个国际奖项的决选名单（图1-2）。这些奖项的获得是对"植物智慧"全球170多个合作伙伴共同努力的认可，认可这一创新的农业技术服务模式对全球粮食安全和食品安全所作的贡献。

图1-2 "植物智慧"项目获奖时间轴

从2020年起，基于"植物智慧"多年工作经验和成绩，并与CABI的另一个全球项目"外来入侵物种管理（Action on Invasives）"相融合，CABI深化并推陈出新"植物智慧+"（PlantwisePlus）全球项目。新项目特别关注气候变化对发展中国家农业生产和农民生计的影响，增强女性和青年农民的能力，旨在建立和推动气候智能型农业生产模式，保障全球粮食安全，促进农村经济发展。"植物智慧+"项目于2020年已在7个国家开展试点，主要工作领域为推动小农户对气候智能型农业生产实践的应用；增加高质量、安全、营养的农产品供应；加强病虫害暴发的监测预警和快速反应的体系建设；增强安全、低风险植保产品的供给能力。

（三）"植物智慧"项目在中国

"植物智慧"项目于2011年在我国开展可行性评估，2012年起正式在我国实施。项目先后与北京市植物保护站、四川省植物保护站、广西桂林兴安县植物保护站等10家农业推广、科研和教学单位建立合作关系，开展植物医生和诊所管理培训，建立并运行植物诊所，为当地农户提供作物病虫害诊断和防治的专业化咨询服务。项目工作在中国农业农村部–CABI生物安全联合实验室合作框架下开展，受农业农村部国际合作司领导监督，病虫害诊断由中国农业科学院植物保护研究所提供技术支持。

截至2020年底，"植物智慧"项目与合作伙伴一起，在北京、四川、广西、浙江和吉林共举办了6期植物医生培训师的培训、30多期植物医生的培训和6期诊所质量考核和数据管理的培训，共培训了63名植物医生培训师、727名植物医生及合作单位各级诊所管理团队。"植物智慧"项目在我国共建成了211个植物诊所，植物诊所设立在农贸市场、农民专业合作社、不同性质的农资店以及基层植保站，归当地合作单位所有。目前有186家诊所在活跃运行，主要分布在北京和四川，累计服务农户超过24万人次。从2017年起，"植物智慧"项目还与浙江农林大学、吉林农业科技学院合作，让植物医生培训课程走进大学课堂，参与国家农技推广人员知识更新的培训，探索植物医生证书与农作物植保员国家职业资格证书相结合的多个可持续发展方向。

在我国，"植物智慧"项目在推广植物诊所标准化运行的基础上，与当地政府植保部门的重点工作紧密融合，因地制宜地发展创新，形成了有地方农业特色的植物诊所可持续发展模式，在推广绿色防控和推进农药减量工作中成绩斐然（标准化工作流程见图1-3）。在北京，植物诊所与绿色防控补贴项目融合实施的成果"基于植物诊所的绿色植保技术推广"荣获了2017—2019年度北京市农业技术推广奖一等奖；在四川，"植物智慧"项目探索植物诊所与农资销售监管工作的融合，试点建立了以诊所处方质量审核为基础的农资店服务质量评分系统，给农资店评级、挂牌，并通过跟进绿色防控知识的培训引导和帮助农资经销商加强绿色防控意识、提高科学用药的服务水平，从而确保当地农户从农资经销商渠道获得的病虫害防治方案是科学、绿色的。鉴于当地农业农村主管部门对试点成果的认可，2020年四川犍为县130多家农资店已全部纳入实施项目。

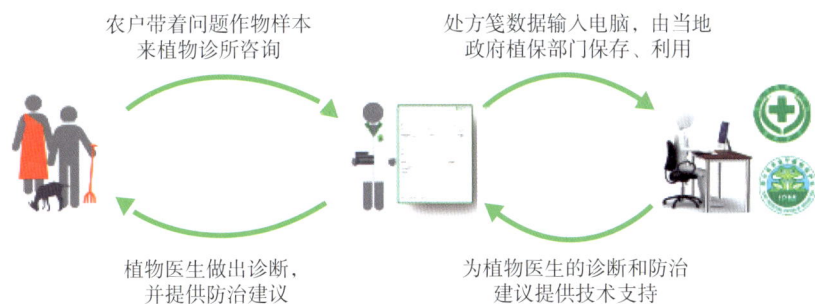

农户带着问题作物样本来植物诊所咨询

处方笺数据输入电脑，由当地政府植保部门保存、利用

植物医生做出诊断，并提供防治建议

为植物医生的诊断和防治建议提供技术支持

图1-3　植物诊所在我国的标准化工作流程

项目团队根据"植物智慧"在我国的发展特点，与中国农业科学院农业信息研究所等专业评估团队合作，从不同角度设计开展了多项社会科学研究，采用农户问卷调查、与相关方访谈以及诊所处方数据分析等调查方法采集信息，对"植物智慧"项目在我国的开展效果和影响进行多方位研究。例如，基于我国植物医生人员属性的多样性，开展

了"与农资销售关联程度不同的植物医生处方质量差异"研究；基于农户会将从植物诊所获得的病虫害防治信息传递给其他农户的情况，配合全球项目开展了"诊所服务信息二次传播率"研究；跟进植物诊所与绿色防控补贴项目在北京市的创新融合，开展了实施效果的实证研究。根据研究结果共发表了8篇论文和研究报告，不仅帮助项目团队总结经验，提高工作质量和效率，也为项目在其他发展中国家的开展提供有益的借鉴。

"植物智慧"在我国以作物病虫害问题为切入点，本着"公共植保、绿色植保"的理念，通过植物诊所协作网，面对面地为农民提供专业化的病虫害防治咨询和指导服务，是当前基层植保站、农业技术服务中心服务功能的延伸和有益补充。植物诊所在帮助农民防治作物病虫害、减少产量和品质损失的同时，推广绿色防控技术和产品的应用，促进农药减量增效政策的实施，从而提升农产品质量安全，确保农业生产的可持续发展。

02 第二章 PART TWO
北京市植物诊所建设

2012年北京市为推动病虫害绿色防控工作的深入开展，学习借鉴并引入了"植物智慧"的推广理念和做法。

2012年——引入国际先进理念，建设北京市第一批植物诊所

5月24日，在国际应用生物科学中心和北京市农业局的支持下，北京市首批6个试点植物诊所在延庆县康庄镇绿菜园合作社举行揭牌仪式。同年，在延庆、密云、顺义三个试点建立首批6个植物诊所，着力解决农作物病虫害诊断难、防治难以及绿色防控技术推广难等问题，助推植保公共服务到位。

2013年——深入探索植物诊所发展的有效模式

北京市继续深入探索植物诊所运行的有效模式，大力开发病虫害防治明白纸、黄绿列表等支撑工具，组织植保部门、植物医生代表、CABI和科研院所的专家和管理人员召开植物诊所建设研讨会，明确植物诊所现阶段条件下符合北京市农业发展和农民需求的农技服务模式。实现该模式既能有效满足农民的技术需求，又能有效扩大绿色防控技术覆盖面。

2014年——全面发展壮大植物诊所规模

北京市全面推进诊所建设，探索标准化、规范化发展，确保建设质量，同时继续创新发展模式，加强支撑条件建设，在9个区（县）依托大型农民专业合作社、绿色防控示范基地、农民信得过的农资经销商等建立固定式植物诊所23个，流动式植物诊所2个。

2015年——初步建立三级植物健康体系

北京市基于前几年诊所工作的基础，稳步推进植物诊所发展，严格处方标准，完善诊所运行模式，进一步提升植物诊所的社会影响力。植物诊所稳步发展，新增植物诊所8家。12月17日，北京市植物总医院正式成立，标志着三级植物健康体系的初步建立。

2016年——区级植物医院建设

5月5日和6日，延庆区和顺义区植物医院顺利启动。在前几年诊所工作的基础上，植物诊所各项机制逐渐成熟，2016年步入稳步发展阶段，并进一步严格处方标准，完善诊所运行模式，提升植物诊所社会影响力，规范诊所发展。2016年北京市新增植物诊所8家。

2017年——"互联网+"植物诊所建设

2月4日，北京市植物总医院的植物托管工作，即住院服务正式启动。

4月26日，为配合"2017年北京市农作物农药使用减量行动技术示范"项目，北京市面向大兴等5个蔬菜产业带，昌平等4个区（县）示范点，以具有经营资格的农资经营店为依托，建立植物诊所53家。10月20日，建设完成并启动的北京市农药减量使用管理系统，实现了植物诊所与信息化技术的有机融合，提高了植物诊所的服务效率，扩大了服务范围。

2018年——服务北京市化学农药减量工作

为推进北京市三级植物健康体系建设，扩大植物诊所的服务覆盖范围，更好地服务于北京市农药减量工作，平谷区和房山区新建2家区级植物医院，首次由农资企业承办，并新建17家植物诊所。至此，北京市区级植物医院已达4家，植物诊所达86家，三级植物健康体系日渐完善。

北京市开发了农药减量使用管理系统手机App，植保公共服务能力进一步得到提升。

2019年——促进北京市化学农药减量政策形成

新建35家植物诊所，至此，北京市植物诊所达115家。6月28日，北京市出台了《北京市推广应用绿色防控产品工作方案（试行）》，率先在全国实现了绿色防控产品补贴政策的正式落地。北京市将植物诊所相关工作与北京市农药减量政策相结合，利用"互联网+"技术进一步加速拓展植物诊所服务深度和广度，创新绿色防控技术推广模式，解决绿色防控技术推广"最后一公里"的问题（图2-1）。

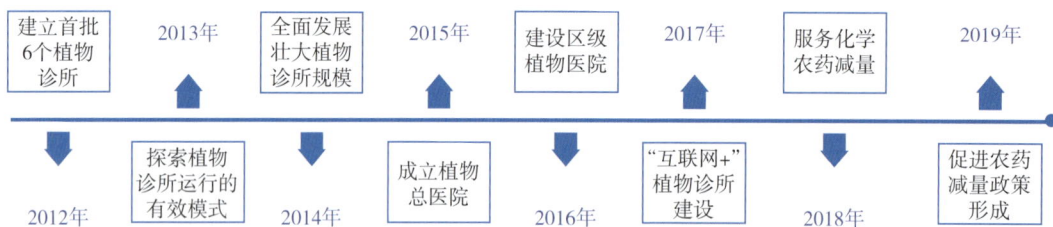

图2-1　北京市三级植物健康体系发展时间轴

在引进"植物智慧"项目时，北京市植物保护站一直秉持"以我为主，为我所用"的原则，注重消化吸收国际应用生物科学中心在多个国家实践积累的病虫害诊断、处方笺设计等经验，并根据北京地区农业生产经营、农技服务体系现状进行适应性创新，形成了独具特色的北京市植物诊所建立运转模式。

一、多元化培训

植物医生是植物诊所的灵魂，直接决定了植物诊所的运行质量和效率，是植物诊所能否持续、健康发展最重要的因素。因此，在植物诊所初步试点、深入总结、全面推广的每个阶段，北京市植物保护站一直坚持"人才先行"的理念，能够发展多少新的植物诊所，主要取决于能够培养多少合格的植物医生，而非其他任何条件。

植物医生培养模式：严格遴选+系统培养+联合考核+知识更新。

严格遴选：遴选培训人员由各区（县）根据北京市规划，结合各区产业发展需求、基础条件等，推荐植物医生候选人。要求候选人应从事种植业生产或技术研究、指导不少于2年，一般应具备大专及以上学历，熟悉北京农业生产实际，具备一定的吃苦耐劳精神，愿意从事植物医生工作，并能保证基本的工作时间。各区植保站把遴选名单发给北京市植物保护站，由北京市植物保护站对名单再次遴选，最终确定植物医生培训的候选人和后备人员。

系统培养：在遴选基础上，植物医生必须经过2个模块，不少于48个学时的系统培养，全面掌握科学的诊断咨询流程、处方开具原则和要求，掌握植物诊所运行管理要求。

联合考核：由北京市植物保护站和国际应用生物科学中心进行联合考核，为合格的植物医生联合颁布具有一定时效的资质证书。

知识更新：一般2年之后继续对植物医生进行不少于40个学时的知识更新培训（含现场观摩学习），使其掌握最新的病虫害识别诊断技能和最先进的绿色防控技术，保证其开具处方的科学性和有效性。

1. 植物医生培训

植物医生培训对象主要是植物医生候选人，培训内容主要为植物医生进行病虫害诊断所需要的基础知识，内容包括常见病虫害症状、引起病虫害的病原类型、病虫害症状识别、缺素及对应症状、缺素症的田间诊断、处方笺的填写、植物诊所的运转、不同病原的防治措施、有害生物分类、防治措施分类及适用范围、防治建议五大要素、非化学防治方法、农药安全使用等（图2-2）。在培训过程中，穿插大量针对性强的练习，不仅能够加深学员对病虫害症状的理解，也能够有针对性地提出正确的防治措施，练就为植物诊病防病的"真功夫"。

2012年5月中旬，植物诊所正式启动前，北京市植物保护站举办了首届植物医生培训班（图2-3），来自延庆、密云、顺义3个试点区（县）的17名植物医生顺利完成了植物医生培训与考核，成为北京市首批植物诊所医生。截至2020年12月，北京市植物保护站共计举办植物医生培训班9期，总计650人通过考核并取得植物医生资质证书（表2-1）。

课件编码	模块一培训内容（第一天）	课件编码	模块一培训内容（第二天）
P-Int	"植物智慧"培训简介	F1-3	田间诊断实践——样本诊断（诊断到大类）
H1-1	模块一日程	P1-6	如何成为一名"植物问题侦探"
C1-1	个人资料填写	C1-4	常见症状和成因（第一部分）
P1-1	模块一介绍	C1-5	常见症状和成因（第二部分）
F1-1	描述症状	P1-7	常见症状和成因（第三部分）
P1-2	植物健康问题症状概览	H1-4	常见症状及可能原因
		H1-5	容易混淆的问题
C1-3	ABC诊断：通过照片进行初步诊断	P1-8	植物的矿质养分
		C1-6	缺素诊断练习
P1-3	田间诊断	P1-9	缺素症的田间诊断
F1-2	ABC诊断：植物样本的初步诊断	F1-4	采集并运送标本
		P1-10	样本采集
		P1-11	症状的全面观察
P1-4	"植物智慧"知识库简介	C1-7	通过照片进行诊断（全面诊断）
		P1-12	如何建立并运转一个植物诊所
P1-5	植物健康问题的成因	C1-8	学会倾听：与用户交流
		P1-13	如何从交流中获得有用的信息
H1-3	影响植物健康的有害生物类型	H1-6	症状描述词汇表
		H1-7	正确填写植物诊所处方笺示例
P1-X	有害生物特征	P1-14	如何填写诊所处方笺
		C1-9	处方笺填写

课件编码	模块一培训内容（第三天）
P1-E	随堂测试
C1-10	课程评估

课件编码	模块二培训内容（第四天）
H2-1	模块二日程
P2-1	模块二介绍
C2-2	植物健康问题的诊断难易程度
P2-2	防治建议五大要素
C2-3	有害生物分类（课堂练习）
H2-2	有害生物分类
P2-3	按第一下快门（样本）
C2-4	防治措施分类
C2-5	各种防治措施的适用范围
C2-6	防治措施指南
H2-3	防治措施汇总
P2-4	防治的空间方法
H2-4	杀虫剂和杀菌剂的作用位点
H2-5	禁用限用农药清单
P2-6	化学防治局限性
P2-7	非化学防治简介

课件编码	模块二培训内容（第五天）
C2-9	非化学防治方法
P2-8	黄绿列表
C2-10	不好的防治建议
P2-9	防治的经济敏感性
C2-11	特定植物健康问题的解决办法
F2-2	农资店考察及汇报
P2-10	化学农药的安全使用
P2-11	"植物智慧"知识库
H2-5	使用"植物智慧"知识库
C2-12	防治建议的来源
C2-13	个人防护装备
C2-14	农药的不当使用

课件编码	模块二培训内容（第六天）
C2-15	案例分析
P2-12	植物医生所面临的挑战
C2-16	植物医生经验总结
P2-13	考试
P2-17	课程评估

图2-2　植物医生培训内容

注：课件编码的开头字母代表授课形式，P为课件讲授；H为学习材料；C为课堂练习；F为田间练习。

图2-3　植物医生培训照片（部分）

表2-1 历年通过考核人员数

时间	2012年	2013年	2014年	2015年	2016年	2017年	2018年	2019年
考核合格人数（人）	18	0	46	27	101	253	93	112

2．植物医生技能提升培训

为提高植物医生专业技术水平，提高植物医生诊断的科学性和准确性，为农户提供针对性强、可行性高、有效、有保障的个性化病虫害诊断与防治咨询服务，北京市植物保护站不定期举办植物医生技能提升培训。2012—2020年，共计举办6期，培训植物医生1 024人次（图2-4至图2-6）。

3．植物医生讲师培训

2015年4月，为提升植物医生的规范化和专业化程度，提高植物诊所师资水平，北京市植物保护站举办了植物诊所首届TOT（Training of Trainers）培训班（图2-7），共计培训植物医生讲师15人。参会人员为各区推荐的，具备1年以上植物诊所工作及指导管理经验，参加过植物医生培训班，有较强语言表达能力和沟通能力的植物诊所工作人员。开班仪式由北京市植物保护站张涛主持，张涛介绍了北京市植物诊所近三年的运行概况、植物医生的培训情况以及诊所下一步的发展计划。CABI东亚中心"植物智慧"项目协调员万敏博士介绍了"植物智慧"项目、TOT的培训方式以及植物医生的培训日程。项目助理刘峥仔细介绍了模块一培训中每一部分的内容和对应的学习材料。参加培训的人员都确定了未来各自进行培训的题目和内容。

图2-4 显微诊断技术强化培训班

图2-5 明白纸开发与实践培训班

图2-6 植物医生技能提升培训会

图2-7 北京市植物诊所首届TOT培训班

4．植物诊所数据管理员培训

为进一步提高诊所处方数据的规范性、科学性和可利用性，提升植物医生的规范化程度，使处方数据能够为病虫害测报、种植结构分析等植保科技和农业发展提供有益参考，北京市植物保护站在每个区植保站各遴选2名从事植物诊所工作至少2年的技术人员作为植物诊所数据管理员，共计16人（表2-2）。

表2-2 各区数据管理员信息表

区	数据管理员	区	数据管理员
昌平区	陈海明、卫王亮	通州区	李莎、郭然
大兴区	张超、石运博	延庆区	贾茜、杨金利
房山区	岳向前、吴炳秦	怀柔区	蒲媛媛
平谷区	赵昆、王冠南	顺义区	赵世福
密云区	程波、郑子南		

2016年5月，北京市植物保护站与CABI联合举办了"2016年植物诊所数据管理员培训班"（图2-8）。北京市植物保护站针对北京市各区植物保护站植物诊所数据管理员在诊所处方笺输入程序、诊所数据协调、诊断结果验证、防治建议验证、数据分析等进行了相关培训，为做好数据的利用奠定了良好的工作基础。

图2-8　2016年植物诊所数据管理员培训班

2016年6月北京市植物保护站与CABI联合举办了"2016年植物诊所数据员培训交流会"（图2-9）。参会人员主要有各区新老植物诊所植物医生和数据管理员近60人。培训内容主要包括诊所处方笺各部分的填写方法和注意事项、新的绿色防控综合大处方的合格标准等。这次培训交流会进一步提升了植物医生的规范化程度，提高了诊所数据的科学性和可利用性，为助推植保公共服务到位奠定了基础。

图2-9　2016年植物诊所数据管理员培训交流会

5．植物医生技能大赛

为保证植物医生培训质量，进一步在广大植物医生中形成比技术、比水平、比敬业的良好氛围，带动北京市植物医生整体专业技术水平的提高，为扩大植物诊所覆盖面提供智力支持，北京市植物保护站举办了多种形式的植物医生技能大赛。

2016年1月举办了"2016年北京市植物医生病虫害诊断技能大赛"（图2-10）。比赛包括初赛和决赛两个部分。初赛采取微信答题的形式。参赛选手包括新老植物诊所的植物医生共计20人，分为4组，每组安排1名主考官，比赛时间为1小时，比赛试题共有50道，包括29道病虫害识别题、13道病虫害防治题、8道病虫害发生规律题。

决赛参赛人员共计10人，设评委专家2名。为保证公正性，选手的手机都交由工作人员保存，赛前还设置了一个抽签环节，每位选手按照抽中的数字对应的题号进行答题。比赛分为必答题、抢答题和风险题三种题型。必答题共计20道，每题1分，答对计1分，答错不扣分。另外针对每位选手还有1道症状识别题。抢答题共计10道，每题5分，抢到答题机会并答对者给5分，答错或得到答题机会后5秒内未能作答会倒扣5分。风险题有10分、15分和20分三个档次的分值，每位选手都必须自选分值和题号，不得放弃选题。

一经选题，就必须在主持人宣读完所选题号的内容后开始答题计时。规定时间内答对者，加所选风险题对应的分数，答错者扣除所选风险题的分数。不能在规定时间内答题完毕的，视为答错，扣相应分数。在风险题环节，由于分值大，而且回答错误或超时都会扣分，所以对每位选手的心理素质也是一个很大的考验。有的选手很紧张，导致平时"信手拈来"的病虫害防治知识都想不起来，而有的选手却应对自如，发挥出了应有的水平，取得了较高的分数。在比赛最后阶段，由于有两位选手的分数一样，还进行了一轮加试。最终决出一等奖1名，二等奖2名，三等奖3名，优秀奖4名。经过这次比赛之后，许多植物医生都表示，以后不仅要加强专业技术方面的学习，更要注重表达能力的提高，这样才能与农户更好地进行交流，让植物诊所为越来越多的农户提供更好的服务。

图2-10　2016年北京市植物医生病虫害诊断技能大赛

2018年6月，北京市植物保护站举办了"2018年植物医生病虫害诊断技能大赛"（图2-11）。本次大赛首次全面采用网络在线答题的形式，微信扫描二维码登录即可答题。题目为题库随机生成，选项为随机排列，有效地保证了比赛的公平公正。为增加题目难度，我们还特意设置了多道简答题，并邀请各区经验丰富的专家和植物医生培训师在线阅卷。答题结束后，参赛选手可即时在线查看得分与排名情况，也可查看所有题目正确答案与错题集，有助于参赛选手分析自身短板与不足。北京市植物保护站也可查看所有参赛选手的各题目正确率，为日后培训重点提供参考。该考试形式新颖，节省了大量的人力物力。

图2-11　2018年北京市植物医生病虫害诊断技能大赛

近100名植物医生踊跃参加比赛，不管是题量非常大的初赛，还是题目难度骤然升级的决赛，均涌现出了很多兼具答题速度与高分的植物医生，反映出北京市植物医生已具备较高的水平。经过激烈的比拼，最终评出一等奖3名，二等奖7名，三等奖10名。

2018年6月，北京市植物保护站举办了"2018年植物医生病虫害诊断与绿色防控技术演讲大赛"（图2-12）。演讲主题是如何科学开具处方、正确使用农药减量使用管理系统以及如何积极为农户提供服务。参与农药减量项目的10个区各选派1名植物医生代表进行演讲交流。植物医生们通过自己的亲身经历，讲述成为植物医生以来所开展的病虫害诊断与咨询服务、如何利用农药减量使用管理系统和手机App给农户开具处方、如何推广绿色防控技术等。经过激烈的比拼和现场评委的打分，最终评出一等奖2名，二等奖3名，三等奖5名。

图2-12　2018年植物医生病虫害诊断与绿色防控技术演讲大赛

二、严格软硬件标准

（一）植物诊所统一硬件、标志和运行机制

北京市植物保护站为每个诊所配置统一的标志、横幅、背板和服装（夏装、冬装），配置计算机、打印机、显微镜、解剖镜等专业诊断设备，并且对每个诊所的办公条件都有统一的规范要求。

1．植物诊所标志

植物诊所标志（图2-13）整体造型源于北京市植物保护站标志，表明植物诊所是由北京市植物保护站推动建立并发展的。中心流线形的叶子代指农作物，外部轮廓的"十"字寓意诊所对农作物健康的坚实保护。整体色调选用不同亮度、饱和度的绿色，寓意丰富多彩的农作物所体现出来的蓬勃生命力。下部中文"植物诊所"、英文"Plant Clinic"是对北京市植物诊所的规范命名。

植｜物｜诊｜所
Plant Clinic

图2-13　植物诊所标志

2．植物诊所硬件配置标准

①固定办公场所（只针对固定植物诊所）。专用的室内办公面积不少于10米²，办公桌2张，书柜（架）1个。

②辅助诊断设备。显微镜1套，解剖镜1套，计算机1台，诊断工具箱1套，采样箱1个。

③标志系统。统一标牌1块，背景布1块，植物医生冬、夏服装各2套。

④处方开具系统。打印机1台，处方笺若干。

⑤宣传资料。植物医生名片若干，明白纸若干，宣传展板10块，宣传单若干（图2-14至图2-17）。

图2-14　植物诊所外景

图2-15　植物诊所内景

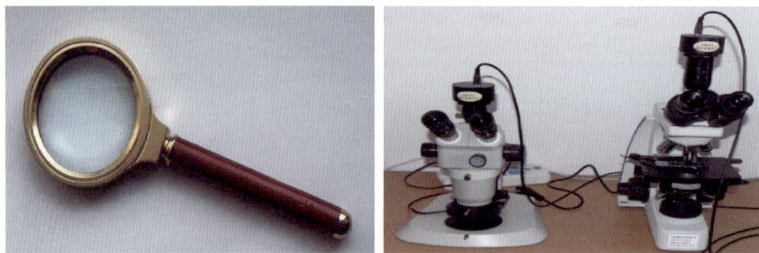

图2-16　辅助诊断设备（左图为放大镜，右图为解剖镜和显微镜）

图2-17　处方开具和打印设备

3．植物诊所出诊方式

（1）固定植物诊所

借鉴人类医院模式，植物医生在植物诊所定期（每周至少半天）坐诊（图2-18），农户携带病样、虫害样品前来咨询。在"望闻问切"的基础上，借助专业诊断设备仪器，由植物医生以处方形式为农户免费提出个性化建议。

在诊所关闭或紧急情况下，农户可以直接联系植物医生，请植物医生赴田间出诊（图2-18），为农户提供多种形式的公共服务。

图2-18　固定植物诊所的植物医生坐诊和出诊

（2）流动植物诊所

通常而言，植物诊所有固定的坐诊时间和地点，为农户提供技术咨询服务。然而，在部分产业分散、季节性差异较大的地区，固定的植物诊所不仅运行成本高，而且不方便农户的作物就诊。为解决这一难题，北京市植物保护站首先在延庆区设置了流动植物诊所（流动植物诊断车）（图2-19、图2-20）的运行试点。

图2-19　流动植物诊断车

图2-20　流动植物诊所

流动植物诊断车（图2-19）由中型客车改造而成，外部有明显标志，配备折叠式遮阳棚、桌椅、移动电源、便携式计算机、解剖镜、打印机等辅助设备。流动植物诊所在作物生长的关键季节不定期直接深入田间地头，通过广播告知，为农户提供现场咨询（图2-20）。流动植物诊所具有灵活性强、技术针对性强、诊断效率高、方便种植户、功能多元化等一系列优点，因而每次出诊都会受到农户的热烈欢迎。

（二）植物诊所统一处方开具标准

植物诊所处方是植物医生在问诊过程中为农户的作物开具的、可以为农户作物病虫害防治用药提供凭证的重要参考。如果说植物医生是植物诊所的灵魂，那么处方则是植物诊所能够顺利运转的基础，既是农户来访的记录，又是植物医生问诊的记录，同时也是植物医生工作质量和数量的真实反映。

1．处方信息

植物诊所处方笺主要包括以下几个部分：

（1）处方序号、编号

处方序号以在所有植物诊所处方中的排序为序号，在本诊所处方中的排序为编号。

（2）诊所信息

编号、问诊日期、植物医生姓名。

（3）农户信息

姓名、性别、农户地址（区、镇、村）、联系电话。

（4）作物基本信息

名称、品种、是否将样本带到诊所。

（5）作物症状信息

①发病阶段。苗期、生长期、开花期、结果期、成熟期、收获后。

②症状出现部位。种子、根、茎基部、茎、嫩枝/树枝、小叶、花、果实（谷粒）、整株植物、嫩芽。

③首次发现时间。

④种植规模。单位有亩、公顷、数目、平方米。

⑤作物受害比例。100%、75%、50%、25%、<25%。

⑥预期产量损失、主要症状。萎蔫、矮化、条斑、水疱状、花叶、丛枝、溃疡（茎损

伤)、腐烂、黄化、梢枯、叶斑、畸形、叶烧、表面生长、蛀洞(茎/果实)、着色、颜色异常、落叶、咬痕、小叶、发现昆虫/螨、落果、瘿瘤/膨大、干枯。

⑦作物受害分布情况。局部分布、分散分布、线形分布、均匀分布、田地边缘、仅某些品种、仅个别植株、高隆地块、低洼地块。

⑧症状描述。

⑨病原信息。真菌、细菌、昆虫/螨、线虫、病毒、植原体、杂草、养分因素、环境因素、未知。

(6)诊断(病害/虫害/杂草的名称)

(7)已采取的防治方法

(8)防治建议

继续观察/监控、耕作措施、生物防治、寄主抗性、杀菌剂、杀虫剂、杀螨剂、杀线虫剂、除草剂。

(9)其他

是否将样本送到实验室、是否在农户问诊时给农户提供明白纸、是否安排田间调查。

2. 处方开具形式

CABI在其他国家和地区开办的植物诊所一般由植物医生为农户提供手写的处方笺。据测算,一个经验丰富的植物医生手写开具一份规范的处方笺(图2-21)需要6.5分钟左

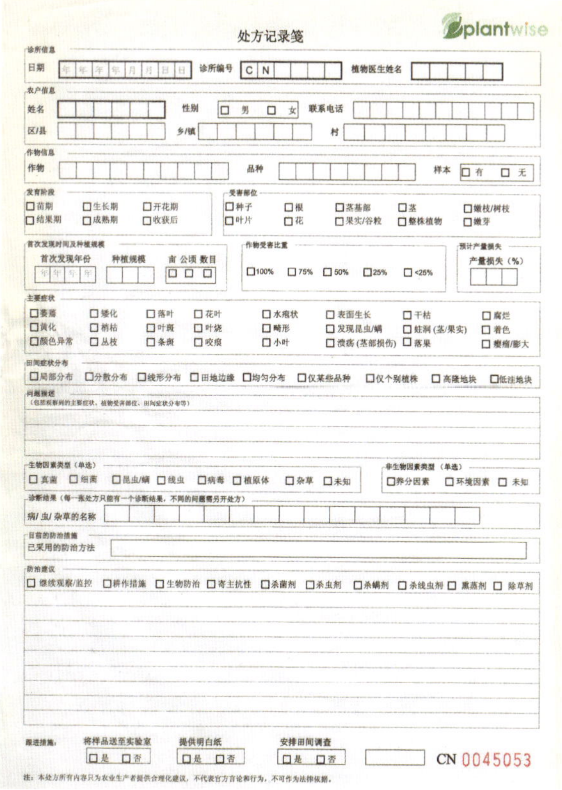
plantwise

处方记录笺

诊所信息
日期 年 年 年 年 月 月 日 日 诊所编号 C N 植物医生姓名

农户信息
姓名 性别 □男 □女 联系电话
区/县 乡/镇 村

作物信息
作物 品种 样本 □有 □无

发育阶段
□苗期 □生长期 □开花期
□结果期 □成熟期 □收获后

受害部位
□种子 □根 □茎基部 □茎 □嫩枝/树枝
□叶片 □花 □果实/谷粒 □整株植物 □嫩芽

首次发现时间及种植规模
首次发现年份 年 年 年 年 种植规模 亩 公顷 数目 □ □ □

作物受害比重
□100% □75% □50% □25% □<25%

预计产量损失
产量损失(%)

主要症状
□萎蔫 □矮化 □落叶 □花叶 □水疱状 □表面生长 □干枯 □腐烂
□黄化 □梢枯 □叶斑 □叶烧 □畸形 □发现昆虫/螨 □蛀洞(茎/果实) □着色
□颜色异常 □丛枝 □条斑 □咬痕 □小叶 □溃疡(茎部损伤) □落果 □瘿瘤/膨大

田间症状分布
□局部分布 □分散分布 □线形分布 □田地边缘 □均匀分布 □仅某些品种 □仅个别植株 □高隆地块 □低洼地块

问题描述
(包括观察到的主要症状、植物受害部位、田间症状分布等)

生物因素类型(单选)
□真菌 □细菌 □昆虫/螨 □线虫 □病毒 □植原体 □杂草 □未知

非生物因素类型(单选)
□养分因素 □环境因素 □未知

诊断结果(每一张处方只能有一个诊断结果,不同的问题需另开处方)
病/虫/杂草的名称

目前的防治措施
已采用的防治方法

防治建议
□继续观察/监控 □耕作措施 □生物防治 □寄主抗性 □杀菌剂 □杀虫剂 □杀螨剂 □杀线虫剂 □熏蒸剂 □除草剂

跟进措施: 将样品送至实验室 □是 □否 提供明白纸 □是 □否 安排田间调查 □是 □否 CN 0045053

注:本处方所有内容只为农业生产者提供合理化建议,不代表官方言论和行为,不可作为法律依据。

图2-21 纸质处方笺

右。在农忙时节，对于排队咨询的农户而言非常耗时，有时甚至会严重影响咨询体验。植物医生在出诊结束后还需将纸质处方录入电脑系统进行数据上传，如此一来，处方笺的书写和录入成为植物医生工作量占比最大的部分。

为此，基于北京地区大多数植物医生较强的计算机操作技能，2012—2014年，北京市植物保护站创新处方录入方式。2013年开发了"北京市植物诊所处方录入系统v9.1"，2014年将处方录入系统升级（v9.2）（图2-22），增加了打印功能，并配备了必要的计算机、打印机等设备，实现了一次录入完成打印和上传两个功能，大大提升了植物诊所运行效率。

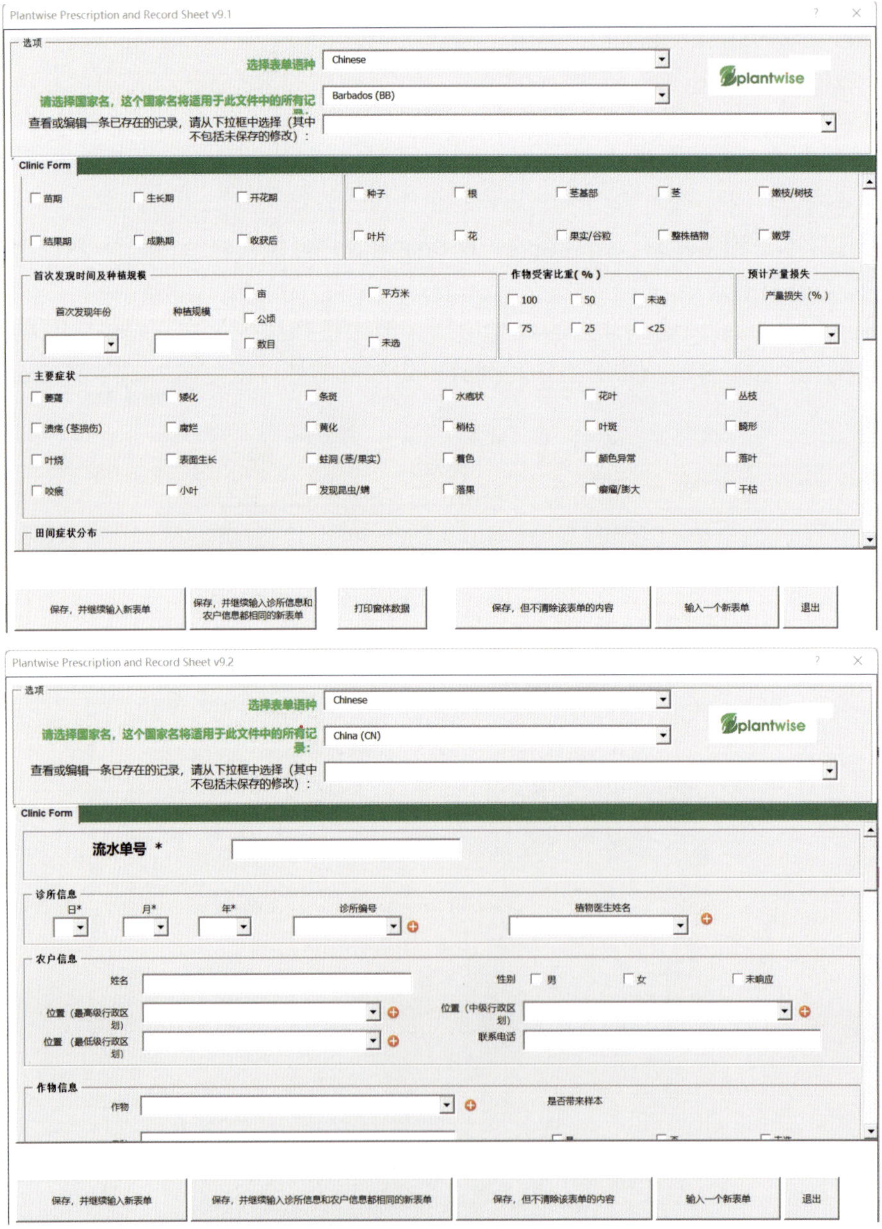

图2-22　处方录入程序（上图为v9.1，下图为v9.2）

三、丰富支持工具

（一）明白纸

在植物诊所运转过程中，植物医生通过开具绿色防控大处方，为农户提供面对面、一对一的作物病虫害诊断和防治技术咨询服务，提高绿色防控技术覆盖率。植物医生在开方过程中一个重要的参考就是作物病虫害识别诊断与防治技术明白纸，简称“明白纸”（图2-23）。2012年起，北京市植物保护站开展了培训和研讨等一系列工作，组织一线植保工作者和专家定期开发和修订明白纸（图2-24）。明白纸的开发以“绿色发展，生态优先”为原则，以“预防为主、综合防治”为指导理念，通过采纳北京市一线工作者和专家的研究成果和实践经验，用最简练、最通俗的科普语言描述病虫害主要鉴别特征和危害习惯，并且提出最适合北京地区、最经济有效且安全环保的病虫害绿色综合防控技术。明白纸为植物医生进行科学诊断和提出防治建议提供参考，提高了植物诊所咨询的科学性和准确性。截至目前，已开发的明白纸涉及26种主要作物（表2-3、表2-4），其中涉及大白菜、番茄、黄瓜、辣椒等21种蔬菜，草莓、葡萄、桃3种水果，小麦、玉米2种粮食作物，病害明白纸97种，虫害明白纸30种。病害明

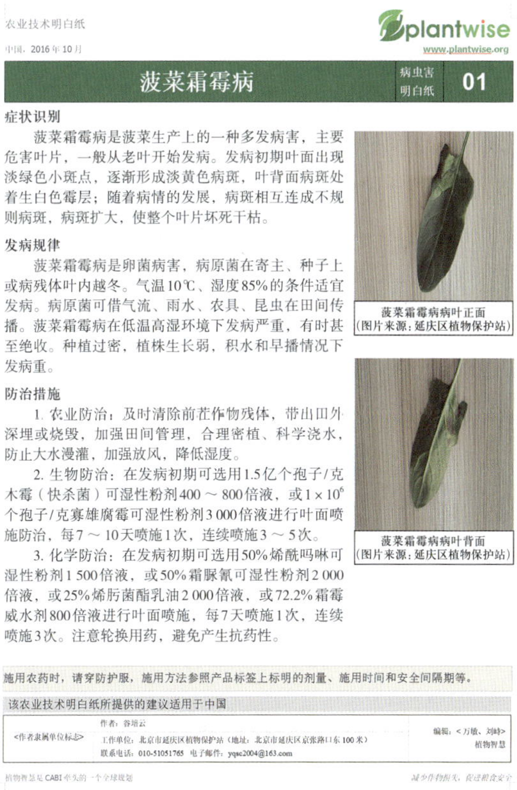

农业技术明白纸

中国，2016年10月

plantwise
www.plantwise.org

菠菜霜霉病 | 病虫害明白纸 | 01

症状识别

菠菜霜霉病是菠菜生产上的一种多发病害，主要危害叶片，一般从老叶开始发病。发病初期叶面出现淡绿色小斑点，逐渐形成淡黄色病斑，叶背面病斑处着生白色霉层；随着病情的发展，病斑相互连成不规则病斑，病斑扩大，使整个叶片坏死干枯。

发病规律

菠菜霜霉病是卵菌病害，病原菌在寄主、种子上或病残体叶内越冬。气温10℃、湿度85%的条件适宜发病。病原菌可借气流、雨水、农具、昆虫在田间传播。菠菜霜霉病在低温高湿环境下发病严重，有时甚至绝收。种植过密，植株生长弱，积水和早播情况下发病重。

防治措施

1. 农业防治：及时清除前茬作物残体，带出田外深埋或烧毁，加强田间管理，合理密植、科学浇水，防止大水漫灌，加强放风，降低湿度。

2. 生物防治：在发病初期可选用1.5亿个孢子/克木霉（快杀菌）可湿性粉剂400～800倍液，或1×10^6个孢子/克寡雄腐霉可湿性粉剂3 000倍液进行叶面喷施防治，每7～10天喷施1次，连续喷施3～5次。

3. 化学防治：在发病初期可选用50%烯酰吗啉可湿性粉剂1 500倍液，或50%霜脲氰可湿性粉剂2 000倍液，或25%烯肟菌酯乳油2 000倍液，或72.2%霜霉威水剂800倍液进行叶面喷施，每7天喷施1次，连续喷施3次。注意轮换用药，避免产生抗药性。

菠菜霜霉病病叶正面
（图片来源：延庆区植物保护站）

菠菜霜霉病病叶背面
（图片来源：延庆区植物保护站）

施用农药时，请穿防护服，施用方法参照产品标签上标明的剂量、施用时间和安全间隔期等。

该农业技术明白纸所提供的建议适用于中国

<作者隶属单位标志>
作者：谷培云
工作单位：北京市延庆区植物保护站（地址：北京市延庆区京张路口东100米）
联系电话：010-51051765 电子邮件：yqsc2004@163.com
编辑：<万敏、刘峙>
植物智慧

植物智慧是CABI牵头的一个全球规划

减少作物损失，促进粮食安全

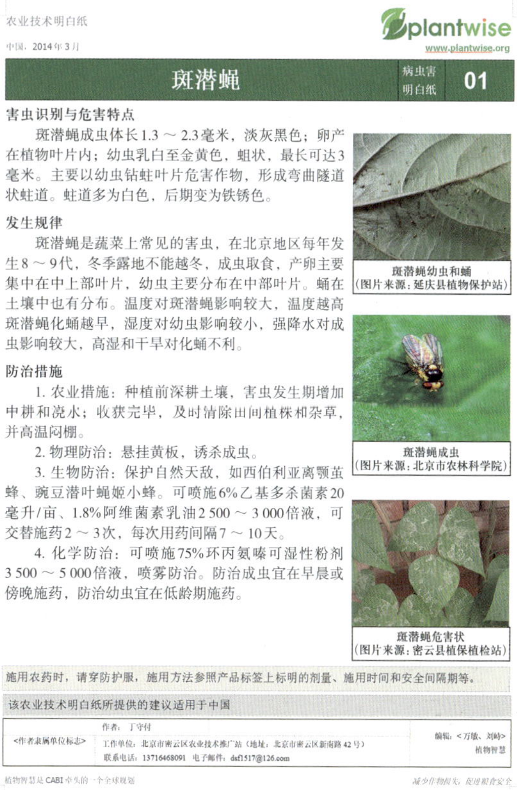

农业技术明白纸

中国，2014年3月

plantwise
www.plantwise.org

斑潜蝇 | 病虫害明白纸 | 01

害虫识别与危害特点

斑潜蝇成虫体长1.3～2.3毫米，淡灰黑色；卵产在植物叶片内；幼虫乳白至金黄色，蛆状，最长可达3毫米。主要以幼虫钻蛀叶片危害作物，形成弯曲隧道状蛀道。蛀道多为白色，后期变为铁锈色。

发生规律

斑潜蝇是蔬菜上常见的害虫，在北京地区每年发生8～9代，冬季露地不能越冬，成虫取食，产卵主要集中在中上部叶片，幼虫主要分布在中部叶片。蛹在土壤中也有分布。温度对斑潜蝇影响较大，温度越高斑潜蝇化蛹越早，湿度对幼虫影响较小，强降水对成虫影响较大，高湿和干旱对化蛹不利。

防治措施

1. 农业措施：种植前深耕土壤，害虫发生期增加中耕和浇水；收获完毕，及时清除田间植株和杂草，并高温闷棚。

2. 物理防治：悬挂黄板，诱杀成虫。

3. 生物防治：保护自然天敌，如西伯利亚离颚茧蜂、豌豆潜叶蝇姬小蜂。可喷施6%乙基多杀菌素20毫升/亩、1.8%阿维菌素乳油2 500～3 000倍液，可交替施药2～3次，每次用药间隔7～10天。

4. 化学防治：可喷施75%环丙氨嗪可湿性粉剂3 500～5 000倍液，喷雾防治。防治成虫宜在早晨或傍晚施药，防治幼虫宜在低龄期施药。

斑潜蝇幼虫和蛹
（图片来源：延庆县植物保护站）

斑潜蝇成虫
（图片来源：北京市农林科学院）

斑潜蝇危害状
（图片来源：密云县植保植检站）

施用农药时，请穿防护服，施用方法参照产品标签上标明的剂量、施用时间和安全间隔期等。

该农业技术明白纸所提供的建议适用于中国

<作者隶属单位标志>
作者：丁守付
工作单位：北京市密云区农业技术推广站（地址：北京市密云区新南路42号）
联系电话：13716468091 电子邮件：dsf1517@126.com
编辑：<万敏、刘峙>
植物智慧

植物智慧是CABI牵头的一个全球规划

减少作物损失，促进粮食安全

图2-23 明白纸示例（左图为菠菜霜霉病，右图为斑潜蝇）

白纸包括症状识别、发病规律及防治措施，虫害明白纸包括害虫识别与危害特点、发生规律及防治措施，基本实现了对常见咨询问题的全覆盖，现已将127份明白纸编辑成书《常见作物主要病虫害防治技术实用手册》并出版。该书能够帮助植物医生识别相关病虫害，并指导来问诊的农户采用安全、科学的综合作物病虫害防治方法进行防治，从而有效推广绿色防控技术。

图2-24　2016—2018年明白纸开发及验证研讨会

表2-3 病害明白纸开发信息表

序号	作物	病害	序号	作物	病害
1	菠菜	霜霉病	35		白粉病
2	彩椒	脐腐病	36		病毒病
3		日灼病	37		猝倒病
4		白粉病	38		低温障碍
5		根腐病	39		黑星病
6	草莓	灰霉病	40	黄瓜	灰霉病
7		枯萎病	41		菌核病
8		炭疽病	42		枯萎病
9		叶斑病	43		霜霉病
10		白斑病	44		炭疽病
11	大白菜	黑斑病	45		细菌性角斑病
12		霜霉病	46		叶斑病
13		软腐病	47		白粉病
14	葱	紫斑病	48	豇豆	枯萎病
15		霜霉病	49		锈病
16		病毒病	50	韭菜	灰霉病
17		白粉病	51		锈病
18		斑枯病	52		病毒病
19		猝倒病	53		白粉病
20		根结线虫病	54		疮痂病
21		黄化曲叶病毒病	55	辣椒	灰霉病
22		灰霉病	56		青枯病
23	番茄	灰叶斑病	57		炭疽病
24		筋腐病	58		疫病
25		溃疡病	59		叶霉病
26		匍柄霉斑点病	60	萝卜	霜霉病
27		青枯病	61		鬼伞
28		日灼病	62	蘑菇	木霉
29		晚疫病	63		脉孢霉
30		叶霉病	64		黄斑病
31		早疫病	65		斑点病
32	甘蓝	黑腐病	66	双孢菇	胡桃肉状菌
33		枯萎病	67		白色石膏霉
34	黄瓜	靶斑病	68		线虫病

（续）

序号	作物	病害	序号	作物	病害
69	葡萄	白粉病	84	芹菜	菌核病
70		白腐病	85		叶斑病
71		褐斑病	86	生菜	灰霉病
72		黑痘病	87		菌核病
73		灰霉病	88		霜霉病
74		卷叶病	89	甜瓜	蔓枯病
75		扇叶病	90	桃	褐腐病
76		炭疽病	91	西瓜	病毒病
77	茄子	白粉病	92		猝倒病
78		灰霉病	93		枯萎病
79		黄萎病	94		炭疽病
80		菌核病	95		疫病
81		绵疫病	96	西葫芦	白粉病
82	芹菜	斑枯病	97	油麦菜	霜霉病
83		灰霉病			

表2-4　虫害明白纸开发信息表

序号	作物	虫害	序号	作物	虫害
1	彩椒	蓟马	16	蔬菜	菜青虫
2		烟青虫	17		茶黄螨
3	草莓	蛴螬	18		豆荚螟
4		蚜虫	19		甘蓝夜蛾
5	葱	蓟马	20		叶螨
6	大白菜	跳甲	21		金针虫
7	番茄	棉铃虫	22		蛞蝓
8	黄瓜	蚜虫	23		小菜蛾
9	架豆	蓟马	24		烟粉虱
10	韭菜	蓟马	25	桃	桃小食心虫
11		韭菜迟眼蕈蚊	26		桃介壳虫
12	马铃薯	马铃薯瓢虫	27	小麦	吸浆虫
13	蘑菇	螨虫	28		蚜虫
14		菇蚊蝇	29	玉米	黏虫
15	蔬菜	斑潜蝇	30		玉米螟

（二）黄绿列表

黄绿列表（Green and Yellow List）是一种借鉴现代道路交通信号模式的病虫害分步骤防控技术指导工具。截至目前，已开发黄绿列表17种，包括彩椒脐腐病、草莓根腐病、草莓枯萎病、草莓叶斑病、大葱霜霉病、大葱紫斑病、番茄（匍柄霉）斑点病、架豆蓟马、辣椒疫病、生菜白粉病、甜瓜霜霉病、斑潜蝇、茶黄螨、棉铃虫、叶螨、烟青虫、蚜虫。

与明白纸相似，黄绿列表是植物诊所另外一个重要的支撑工具（图2-25），同样简单描述了病虫害的症状，附带典型症状图片，提出有效的防控技术措施。

	预防	监测	直接防治	直接防治	限制条件
根部受害症状（图片来源：北京市昌平区植保植检站） 叶部症状（图片来源：北京市昌平区植保植检站）	◆ 选用无病、健壮种苗 ◆ 棚室、土壤消毒：利用炎热夏季高温闷棚30天以上。也可加入石灰提高效果 ◆ 草莓生产中后期或拉秧后，种植玉米间作（3月初前后）、轮作倒茬 ◆ 施入腐熟有机肥，增施磷钾肥，避免偏施氮肥 ◆ 及时排水，严禁大水漫灌 ◆ 高垄栽培，覆盖地膜，提高地温，减少发病 ◆ 收获后，清除残体并销毁 ◆ 轮作	◆ 田间首先表现的症状是植株萎蔫或黄化 ◆ 根部感染从新生根和侧根开始，根系逐渐变成深褐色；随病情发展，根系迅速坏死；主根病变部呈红褐色，地上叶片黄化、枯死。发现病株立即进行防治	◆ 挖除病株，及时对病土进行消毒处理	◆ 多菌灵 ◆ 甲基硫菌灵 ◆ 噁霉灵 ◆ 苯醚甲环唑 ◆ 施用农药时，请穿防护服等防护装备 ◆ 施用方法参照产品标签上标明的剂量、施用时间和安全间隔期等 ◆ 注意轮换用药，避免产生抗药性	◆ WHO U 类 ◆ WHO U 类 ◆ WHO Ⅱ 类 ◆ WHO Ⅱ 类

图2-25　草莓根腐病黄绿列表

由于明白纸的防治措施部分提供的都是以绿色防控为主的综合防治方法，黄绿列表提供的从预防到防治的方法也是以绿色防控为主，植物医生在坐诊时是与农户"一对一、面对面"交流，在诊断过程中会以明白纸和黄绿列表作为参考为农户提供防治建议，因此植物诊所就成了一个全新的绿色防控技术推广平台，可以将绿色防控技术直接而精准地推广到广大农户群体中，大大提高了绿色防控技术的覆盖率和精准度。

虽然明白纸与黄绿列表相似，都描述了病虫害的症状，附带典型症状图片，并提出有效的防控技术措施，但是明白纸和黄绿列表在描述对象、防治措施等方面有所区别（表2-5），而且黄绿列表还将推荐药剂的安全性进行了标注。

表2-5　明白纸与黄绿列表区别

名称	使用对象	描述对象	防治措施
明白纸	种植户	农户咨询频率较高的病虫害	强调有效、经济、可行
黄绿列表	植物医生	新发病虫害种类或在本地区发生规律、危害习惯、防控技术有变化的病虫害	强调安全性，根据技术对环境、农产品、使用者的安全性进行分级

四、建设信息化平台

1．微信诊断群（北京植物医院的植物医生们）

2014年，为强化诊所支撑条件建设，北京市植物保护站依托免费交流平台——微信，建立了北京植物诊所微信群，遴选、聘请组建了包含蔬菜、西瓜、甜瓜病虫害识别与防治、生物防治、农作物土壤肥料和有机肥、林业有害生物防治等领域的8位知名专家，组成植物诊所支撑专家团队，通过微信平台为基层植物医生诊断提供技术支撑。目前微信群里有植物医生、合作社工作人员和绿色防控基地技术人员等329人，微信群回答问题成功率达91.54%，每个问题平均有17.9人次讨论。

2．建立北京市农药减量使用管理系统

（1）PC（Personal Computer）端应用

为了提高植物医生服务效率，扩大植物诊所覆盖面，北京市植物保护站建立了北京市农药减量使用管理系统（图2-26），包含基础信息、处方开具、农药销售、服务评价等10个功能模块。为北京市4.8万个农户办理了"北京市作物健康保障一卡通"（图2-27），相当于人的医保卡。农户持保障卡到具有资质的植物医生处问诊时，植物医生扫描卡上的二维码，电脑上显示农户的基本信息。问诊后填写作物种类、受害部位、主要症状等信息进行农作物病虫害诊断。根据问诊记录填写诊断结果，开具绿色综合处方，处方保存在系统中。农民持保障卡到农资经营店买药，经营店扫描保障卡中的二维码，即可识别处方中农民需要购买的农药种类和数量。

图2-26 北京市农药减量使用管理系统PC端界面

系统还可以实现统计分析、服务评价和通知公告功能。通过统计分析功能可以实时掌握植物医生开具处方数量、服务农户数量、农户种植作物种类、病虫发生动态和绿色防控技术的应用情况；通过服务评价功能可帮助市、区植保部门监督植物医生和农资经

图 2-27　北京市作物健康保障一卡通

营店工作开展情况，利用淘汰机制，对评价不合格的主体进行淘汰；通过通知公告功能可以使联系相关主体更快捷、方便，为不同主体间相互交流提供平台。系统可以对科学诊断、处方开具、绿色防控产品购买和使用等全过程进行实时监控和动态追溯，实现植物诊所服务的信息化、自动化和动态化管理。

（2）移动端应用程序

2018年在北京市农药减量使用管理系统工作的基础上，北京市植物保护站利用移动互联网技术完成系统升级工作，开发了北京市农药减量使用管理系统移动端应用程序——植保通（图2-28），方便农民问诊以及植物医生开方。利用二维码技术让北京的种植户有了"二维码身份证"，系统自动为每个农户生成电子二维码，作为作物病虫害诊

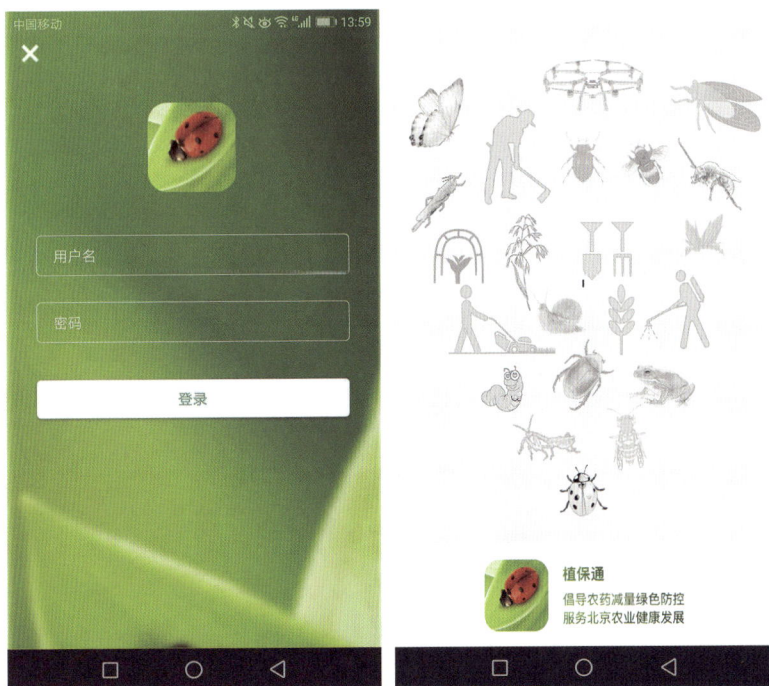

图 2-28　北京市农药减量使用管理系统移动端应用程序界面

断、开方购药的"一卡通"。这个二维码不仅记录了种植户的个人信息和种植信息，还记录了种植户的开方信息和购买农药信息，成为政府对种植户开方、购药、施药过程进行全程追溯的监管码。植保通上可以提供找植物诊所、找植物医生的服务，农民可以查询附近植物诊所的信息，方便及时找到植物医生，享受服务。植物医生使用植保通在田间地头就可以为农民进行病虫害诊断，问诊之后开具电子处方，实现了"互联网+"植保服务模式的创新。

系统还可以建立农户档案，了解种植作物种类、面积等信息，根据病虫害预测预报条件，采取提前干预、提前防治的措施，提高防治效果的同时，减少化学农药使用量，培养农民以预防为主的防治理念。

五、细化管理制度

为完善北京市三级植物健康体系建设，拓宽区级植物医院和植物诊所覆盖面，为广大种植户提供公共、科学、规范的病虫害诊断与防治咨询服务并进一步规范植物诊所、区级植物医院和植物总医院的运行和发展，北京市植物保护站先后出台了《北京市三级植物健康体系建设指导意见》《北京市植物诊所管理办法》《北京市植物诊所运行管理责任书》等文件。

03 | 第三章 PART THREE
小诊所里的大数据

2012年1月至2020年12月，北京市共建立植物诊所115家，培养植物医生650名，植物医生开具处方共计194 178份，服务农户30 924人次，服务覆盖面积257万亩，涉及作物近190种。这些大数据既反映了北京种植户的迫切需求，也体现了植物诊所在病虫害诊断与防治领域所发挥的重要作用，同时也展现了植物诊所在病虫害预测预报、农业技术推广方面广阔的应用前景。

一、数据来源——处方

植物医生使用处方开具程序开具处方，其中包含处方编号、诊所信息（诊所编号、植物医生姓名、问诊日期）、农户信息（姓名、性别、住址、联系方式）、作物信息（作物名称、品种）、作物症状信息（发病阶段、首次发现年份、种植规模、作物受害比例、预期产量损失、主要症状、作物受害分布情况、症状问题描述、病原信息）、诊断、已采取的防治方法、防治建议、其他（是否将样本送至实验室、提供明白纸、安排田间调查）9大类24项数据信息。

2017年，在北京市农业农村局的支持下，北京市植物保护站组织开发了北京市农药减量使用管理系统，涉及基础信息、补贴名录、处方开具、农药销售、补贴核算、统计分析、服务评价、服务管理、通知公告9个核心模块，完成了处方管理数据等多个数据库的建立。从植物医生开具处方到农资经销商销售补贴产品等各个环节，均以该系统为平台，实现农户问诊和植物医生开具处方的信息化、自动化和动态化管理。至此，植物诊所处方开具完全实现了信息化、智能化和便捷化，其中所包含的模块数据与处方录入系统v9.1和v9.2是类似的。

2012年1月至2020年12月，植物医生利用处方数据开具程序（v9.2）开具处方47 150份，为10 682个农户提供问诊服务；通过北京市农药减量使用管理系统开具处方147 028个，为20 242个补贴对象提供问诊服务，覆盖面积257万亩，涉及作物近190种，除了常规的设施果菜、叶菜以及露地种植的各类蔬菜，还包括很多果树作物（葡萄、苹果、梨等）、园林树种（杨树、海棠、银杏等），甚至包括一些观赏花卉（菊花、吊兰、马蹄莲等），基本涵盖了北京主要种植的各类农作物和园林花卉，具有广泛的代表性。

二、数据监管——三级数据审核

为了使数据便于统计分析，北京市植物保护站建立了处方数据的三级审核制度（图3-1）。每月5日，植物医生会将上个月的处方交给区植物诊所的处方数据管理员，数据管理员参考《植物诊所处方数据填写及协调指南》（图3-2）将植物诊所处方数据进行协调，再利用诊所数据验证工具（图3-3）进行初步验证。每月10日将初步协调验证好的处方上交北京市植物保护站，北京市植物保护站数据管理员对处方进行二次协调验证，最终将北京市所有植物诊所数据导入北京市植物诊所处方动态数据库进行相关统计分析。

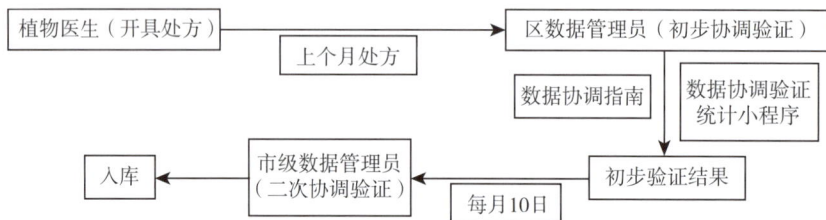

图3-1　植物诊所处方监管三级审核制度

图3-2　植物诊所处方数据填写及协调指南

	A	B	C	D	E	F	G	H
	ID	FormNumber	Day	Month	Year	ClinicCode	PlantDoctor	FarmerName
6		YQ201901003	6	1	2019	CNYQ01	刘小钢	哈秀飘
7		YQ201901004	6	1	2019	CNYQ01	刘小钢	王春英
8		YQ201901005	6	1	2019	CNYQ01	刘小钢	宗海云
9		YQ201901006	6	1	2019	CNYQ01	刘小钢	哈艳涛
10		YQ201901007	6	1	2019	CNYQ01	刘小钢	张亮
11		YQ201901008	6	1	2019	CNYQ01	刘小钢	李林森
12		YQ201901009	6	1	2019	CNYQ01	刘小钢	张淑芹
13		YQ201901010	13	1	2019	CNYQ01	刘小钢	王静
14		YQ201901011	13	1	2019	CNYQ01	刘小钢	只尚英
15		YQ201901012	13	1	2019	CNYQ01	刘小钢	丁学
16		YQ201901013	13	1	2019	CNYQ01	刘小钢	张富丽
17		YQ201901014	13	1	2019	CNYQ01	刘小钢	王凤树
18		YQ201901015	13	1	2019	CNYQ01	刘小钢	孙秀芝
19		YQ201901016	13	1	2019	CNYQ01	刘小钢	韦冬刘
20		YQ201901017	13	1	2019	CNYQ01	刘小钢	王凤树
21		YQ201901018	13	1	2019	CNYQ01	刘小钢	席淑容
22		YQ201901019	20	1	2019	CNYQ01	刘小钢	王中华
23		YQ201901020	20	1	2019	CNYQ01	刘小钢	张桂兰
24		YQ201901021	20	1	2019	CNYQ01	刘小钢	穆春玲
25		YQ201901022	20	1	2019	CNYQ01	刘小钢	高永如

数据输入　诊断验证

A

防治建议Recommendations	问题描述是否记录关键症状（Key symptoms）	诊断是否准确（Correct）	防治建议是否有效（Effective）	防治建议是否符合绿色防控理念（Green）	是否合格（Qualified）
1. 农业防治：采用铲除大棚周围及棚内杂草，消灭越冬寄主上的虫源。 2. 物理防治：挂蓝板诱杀，每亩20块，并挂好防虫门帘；田间基数低时释放捕食螨2 000头/棚。 3. 化学防治：叶面喷施多杀菌素20毫克/亩，防治1～2次，注意上下都要喷到，植株周围地面也要喷洒药剂，虫口基数降低后施用甲维盐或阿维菌素，每7天喷施1次。	是	是	是	是	是
1. 摘除虫叶，带出田外烧毁。 2. 用好防虫网。 3.叶面喷施含量99%的矿物油，每亩300～500毫升，稀释100～200倍，隔3天喷1次，连喷3次，最好选择傍晚喷施。	是	是	是	是	是

B

图3-3　植物诊所数据验证程序

A.数据输入界面　B.数据验证界面

三、数据利用——动态数据库

利用这些处方建立动态病虫害数据库，通过深度挖掘处方数据，可以分析多方面信息。

（一）大数据整体概况

1．北京市植物诊所不同年份处方量

2012—2020年，北京市115个诊所已累计开具综合性绿色防控技术大处方194 178个（图3-4）。从各年度数据（图3-4、图3-5）可以看出，2012—2015年，诊所试点探索阶段处方数量逐年增加。2012年平均每个诊所开具处方41.00个，2013年增长为168.71个，2014年及2015年则分别为280.96个和474.79个。一方面反映出随着植物诊所数量的增加，服务覆盖的范围逐渐扩大，来问诊的农户数量逐年增加；另一方面也反映出农户对植物医生和植物诊所的信任度和认可度逐渐提高，信赖植物诊所可以有效解决其遇到的作物病虫害问题。2015年和2016年年平均处方量变化不大，2017年诊所年平均处方数量明显

下降，主要是由于2017年10月底北京市农药减量使用管理系统开始试运行，大部分新建植物诊所于11月才开始开具处方，另外一些植物诊所处于用处方开具程序开具处方向利用北京市农药减量使用管理系统开具处方的过渡期，开具处方量较少。因此，虽然2017年全年处方总量高于2016年，但是年平均处方量却明显偏低。2018—2020年诊所年平均处方量大幅度上升，主要原因是大部分诊所开始利用北京市农药减量使用管理系统开具处方，该系统开具处方更加科学、高效，而且对购买天敌、生物农药、理化诱控产品、授粉昆虫和高效低毒低残留化学农药等绿色防控产品的农户给予一定比例的限额补贴，引导并鼓励农户使用绿色防控产品，因此，前来问诊的农户不仅可以更快地解决作物病虫害问题，而且还能够以更优惠的价格买到需要的绿色防控产品，这样就吸引越来越多的农户前来问诊。同时也反映了农户绿色防控意识的提高，也在一定程度上反映出植物诊所的建立扩大了绿色防控技术的覆盖面，加速了绿色防控技术的推广，体现了植物诊所在满足农户病虫害诊断与防治领域所发挥的重要意义。

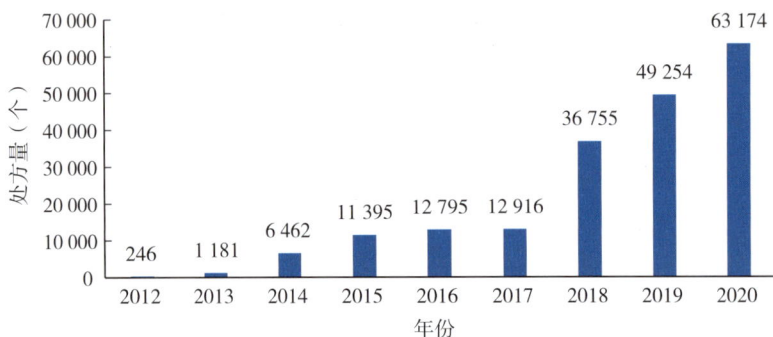

图3-4　2012—2020年北京市植物诊所总处方量

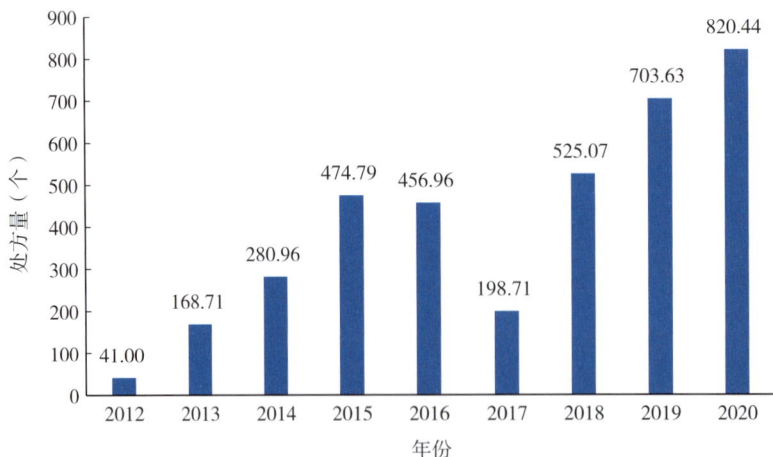

图3-5　2012—2020年北京市植物诊所年平均处方量

2. 各区处方量

截至2020年12月，北京市植物诊所开具处方共计194 178个，覆盖范围已达到13个区，176个乡镇，1 746个村。

由图3-6可知，2012年7月至2020年12月，开具处方最多的为顺义，然后依次为平谷、房山、延庆、昌平、密云、大兴、通州、怀柔、海淀和朝阳，最少的为丰台。

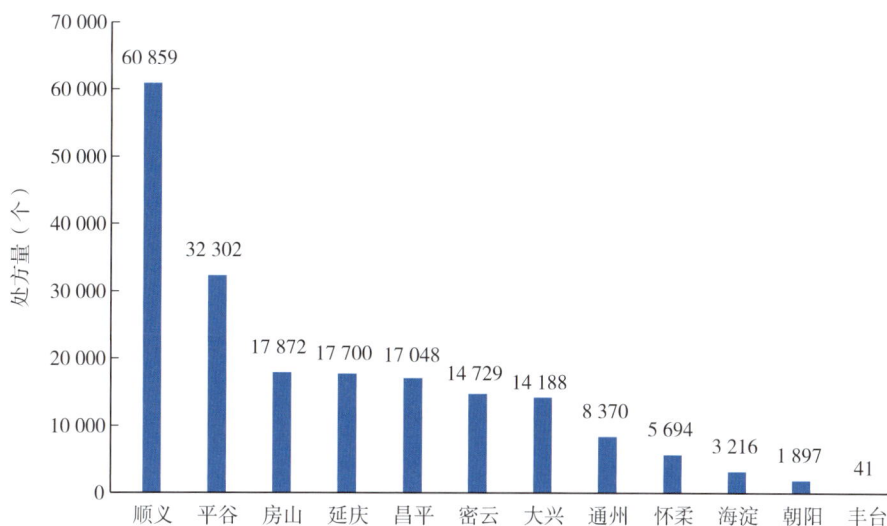

图3-6 2012—2020年各区咨询处方量

（二）大数据应用

1．大数据与农业种植结构

如图3-7所示，2012—2020年北京全市范围内，来问诊的农户主要种植的作物前20种依次为番茄、黄瓜、草莓、茄子、西瓜、甘蓝、白菜、生菜、辣椒、豇豆、芹菜、花椰菜、彩椒、油菜、青椒、葱、架豆、油麦菜、萝卜、菠菜。

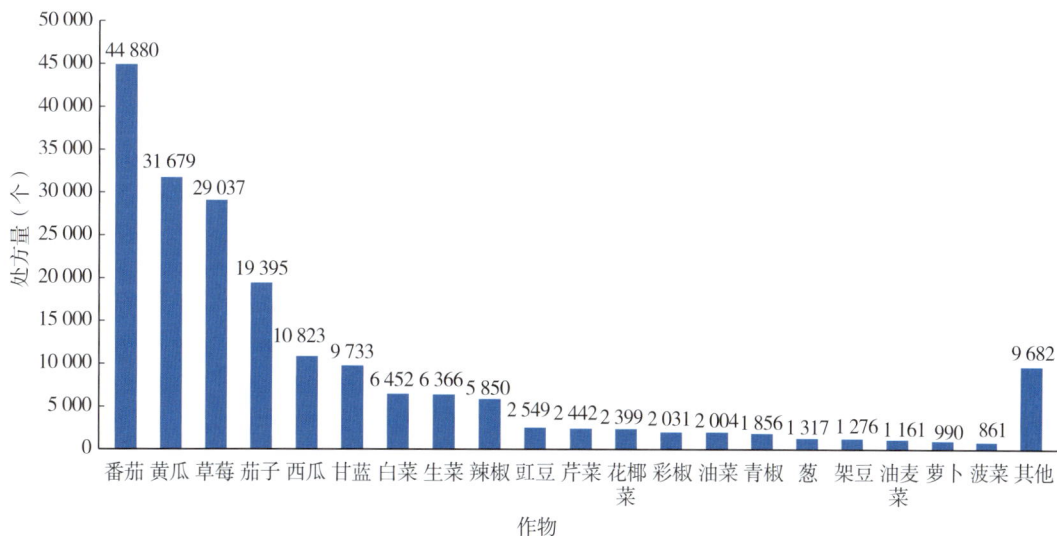

图3-7 2012—2020年咨询前20位作物处方量

（1）植物诊所处方数据反映农业种植结构与农户耕作习惯

通过对北京市不同年份、不同市辖区植物诊所处方数据进行统计分析，得到北京市主要市辖区历年咨询的主要作物及其变化趋势，发现每年不同市辖区植物诊所咨询的作物种类及其历年变化趋势与该区的作物种植结构变化及农户耕作习惯均高度契合。因此，农业技术推广部门可以利用诊所处方大数据进行相关统计分析并了解北京市及各市辖区种植结构变化，有针对性地进行土肥、栽培等农业技术推广。

通过对处方数据的统计分析，可以发现某个地区某段时间处方量的变化趋势与当地的农业种植结构及农业政策存在明显相关性。

由图3-8可见，2013—2015年，密云区大部分主要作物处方量呈上升趋势，这可能是由于2013年密云区有2家植物诊所（密云格乐昭霞植物诊所、密云河南寨套里植物诊所），在2014—2015年密云区陆续新增两家植物诊所（密云吉祥通山植物诊所、密云季庄植物诊所），所以处方量增加明显。2016年，密云区推出"一村一品"政策（一个村庄统一种植一种作物），导致密云区种植结构发生变化，所以2016年密云区大部分作物处方量发生明显变化。

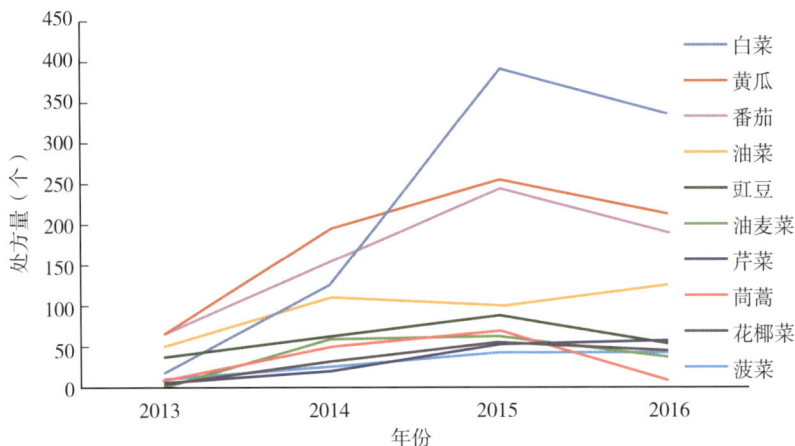

图3-8　2013—2016年密云区咨询前10位作物处方量变化趋势

通过分析北京市植物诊所不同年份作物咨询情况（图3-9）及其处方量变化趋势可知（图3-10），食用果实类的作物与食用其他部位的作物种类的比例始终在6∶4（2014年、2018年、2020年）和8∶2（2012年、2013年）之间变化。2014—2017年、2019年、2020年，草莓总咨询量均位于前3位（图3-9），2015—2017年甚至超过番茄和黄瓜位居咨询量第一位。2012—2020年，番茄、黄瓜、茄子、甘蓝为北京咨询量较多的蔬菜作物。同时，在这9年间，处方量变化最为稳定的作物为芹菜。甘蓝在2018—2020年排名分别为第五、五、六位；西瓜在2018年、2019年分别排名第六、十位，2020年上升到第四位。

2012—2020年咨询量较多的10种作物处方量变化趋势如图3-10所示。在2014年所有作物处方量均有所上升，主要原因是2014年北京市植物保护站开始在北京市推广植物诊所模式，植物诊所数量由7家增长到25家。同时也可见，草莓咨询量在2012—2016年上升明显，而且速度较快，一方面反映出越来越多的农户开始种植草莓，另一方面也说

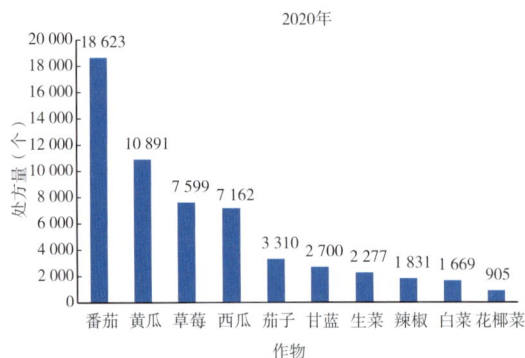

图3-9 2012—2020年历年咨询前10位作物处方量

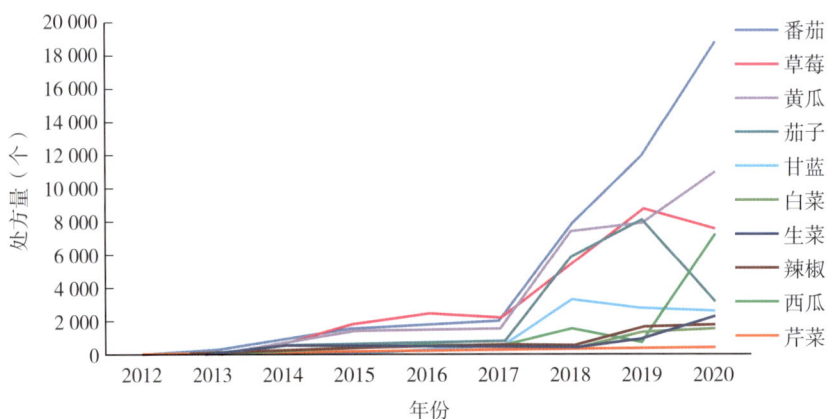

图3-10 2012—2020年不同作物处方量变化趋势（前10位）

明由于绿色防控技术的大力推广，越来越多的草莓种植户开始了解草莓病虫害绿色防控技术。植物诊所就是这样一个平台，通过植物医生对农户一对一的问诊，帮助农户加深对相关病虫害的认识，同时了解相应的绿色防控技术和产品，因此，越来越多的农户到植物诊所咨询和问诊，这也从一定程度上反映出农户对于农产品生产和食用安全意识的提高。

通过分析北京市不同区作物咨询情况（图3-11），可见，虽然大部分区番茄、黄瓜、草莓位于前3位，但是不同区咨询量位居前10位的作物又有所不同。例如，昌平区的草莓和大兴区的西瓜咨询量均明显高于同区其他作物，这些都能够在一定程度上反映出本区的作物种植结构和特点，有利于了解产业布局，制定相关政策。

由图3-12、表3-1可见，昌平区植物诊所咨询的作物差异分化较明显，草莓在全年的咨询中基本都是排名第一的作物，这也在一定程度上反映了昌平区的作物种植结构，草莓是主栽作物品种，尤其在8月草莓开始定植，到翌年5月大部分草莓拉秧，这期间草莓咨询量始终位于首位，而且由图3-12也可见，从2014—2016年草莓种植量呈明显上升趋势，其他作物种植量偏低且上升趋势不明显。

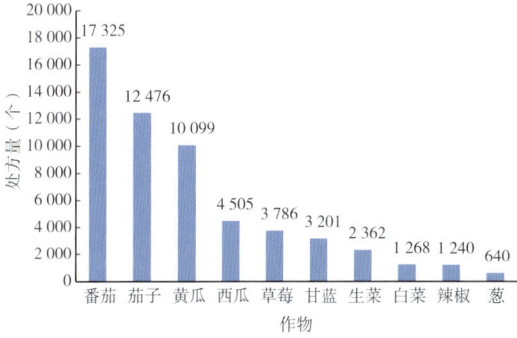

顺义区

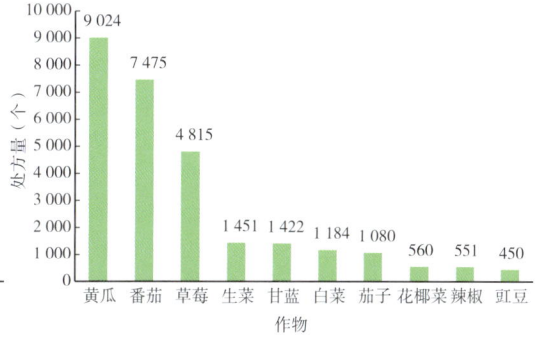

平谷区

房山区

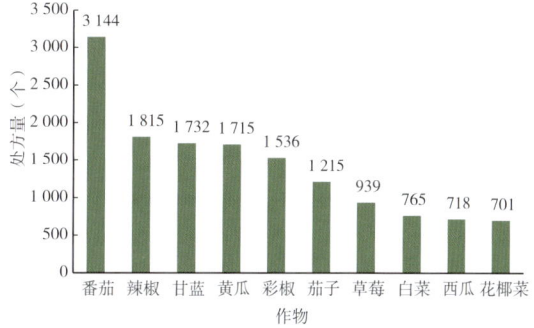

延庆区

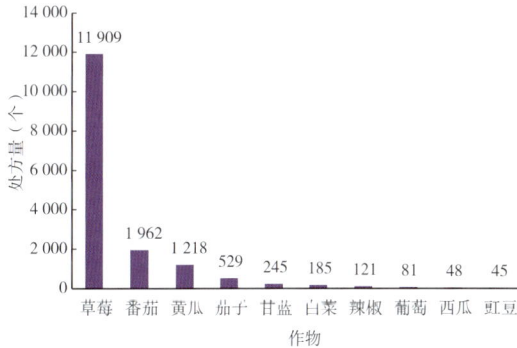

昌平区

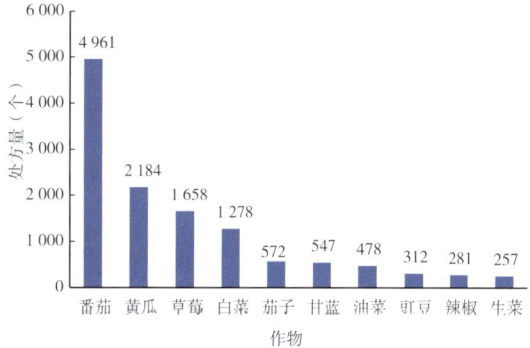

密云区

怀柔区

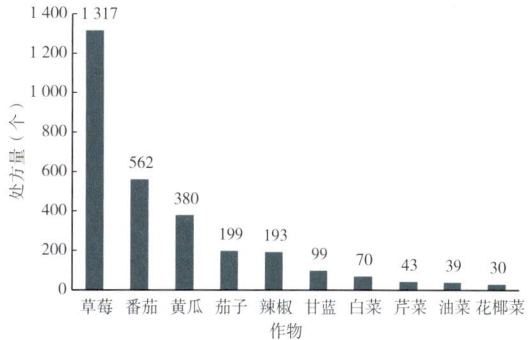

海淀区

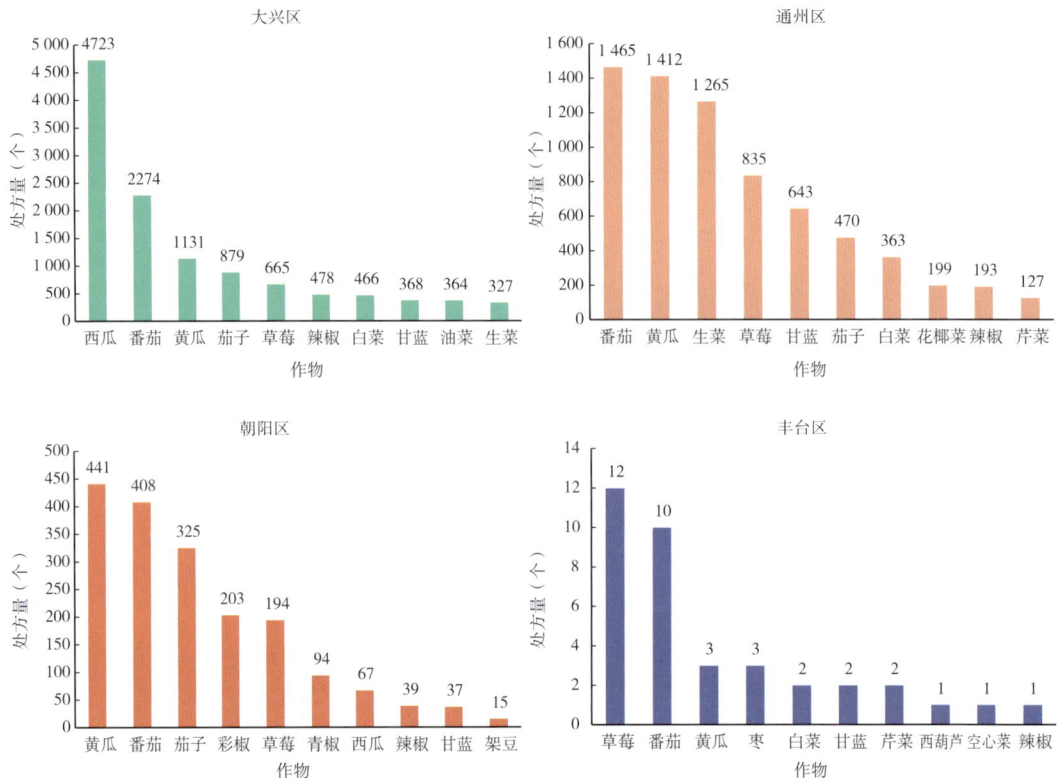

图3-11　2012—2020年各区处方量前10位的作物

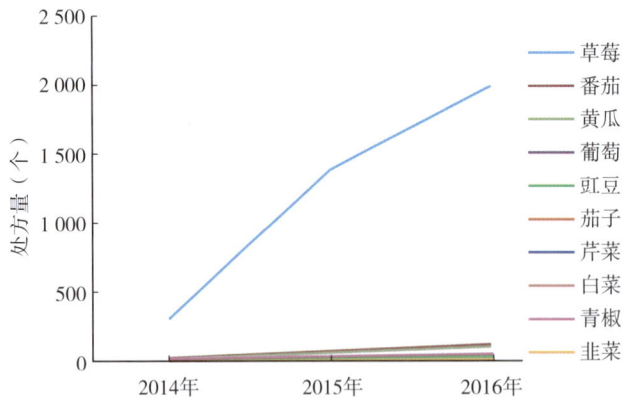

图3-12　2014—2016年昌平区主要作物处方量变化趋势（10种）

　　由图3-13、表3-2可知，大兴区2014—2016年主要咨询作物为西瓜，其次为番茄和黄瓜，同时，作物处方量上升趋势明显，这也与大兴区种植结构变化相吻合。大兴区主栽作物为西瓜，而随着大兴区番茄收益日渐提高，越来越多的农户在2015年下半年开始改种番茄，这可能是番茄在2014—2016年处方量上升趋势较为明显的原因之一。

表3-1 2014—2016年1—12月昌平区咨询最多作物及其处方量百分比（%）

年份	月份											
	1	2	3	4	5	6	7	8	9	10	11	12
2014	草莓（100）	草莓（100）	草莓（100）	草莓（100）	草莓（100）	草莓（100）	草莓（100）	草莓（100）	草莓（84）	草莓（70）	草莓（61）	草莓（79）
2015	草莓（83）	草莓（100）	草莓（85）	草莓（97）	草莓（65）	黄瓜（37）	番茄、黄瓜（43）	草莓（100）	草莓（55）	草莓（87）	草莓（92）	草莓（93）
2016	草莓（97）	草莓（97）	草莓（97）	草莓（96）	豇豆（35）	番茄（38）	黄瓜（41）	黄瓜（24）	草莓（88）	草莓（84）	草莓（98）	草莓（100）

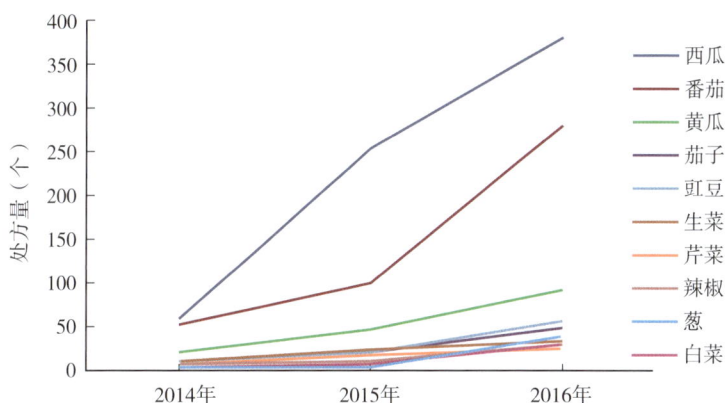

图3-13 2014—2016年大兴区主要作物处方量变化趋势（10种）

表3-2 2014—2016年1—12月大兴区咨询最多的作物及其处方量百分比（%）

年份	月份											
	1	2	3	4	5	6	7	8	9	10	11	12
2014	0	0	0	0	0	0	番茄、茄子（50）	西瓜（43）	西瓜（29）	番茄（29）	番茄（38）	西瓜（28）
2015	西瓜（35）	西瓜（59）	西瓜（80）	西瓜（92）	西瓜（50）	西瓜、番茄（17）	西瓜（39）	黄瓜（23）	番茄（31）	番茄（31）	番茄（31）	西瓜（48）
2016	西瓜（45）	西瓜（46）	西瓜（40）	番茄（48）	番茄（44）	番茄（28）	西瓜（19）	番茄（18）	西瓜（35）	西瓜（59）	西瓜（38）	番茄（28）

由图3-14可知，草莓、黄瓜和番茄是房山区主栽作物品种，草莓、番茄、葱的种植量在2015—2016年呈下降趋势，黄瓜、辣椒、茄子、芹菜、白菜、豇豆、甘蓝则呈上升趋势，2016年黄瓜的种植量甚至超过草莓，这可能与黄瓜在2014年和2015年收益较高有关，而且房山区农户越来越多地将黄瓜作为抗重茬作物进行种植。

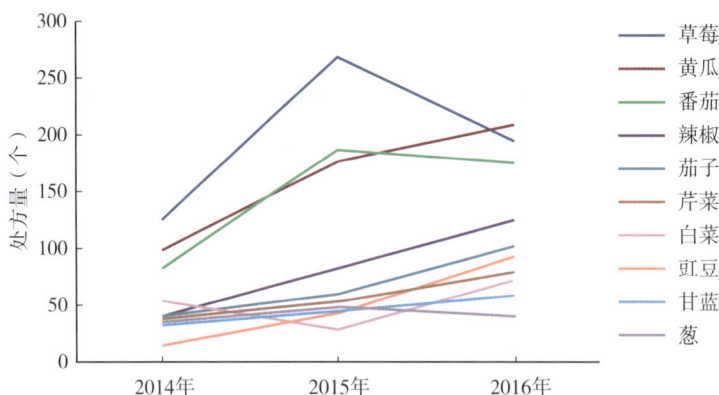

图3-14 2014—2016年房山区主要作物处方量变化趋势（10种）

（2）植物诊所处方数据与生产季节

通过将历年处方进行分析，发现各区植物诊所均与当地农业产业生产季节表现出明显的相关性，这也从另一个侧面体现出植物诊所真正以普通农民为服务对象，切实为农民解决实际问题的社会定位。

由图3-15可见，昌平区植物诊所植物医生的忙碌时间与其主要服务对象——草莓的种植周期呈严格的正相关，草莓定植后的9—12月最忙，1—2月为我国传统春节、元旦等节日，处方量相对较少，3—5月草莓进入生产后期，处方量较前期少，6—8月为休耕期，主要进行土壤消毒等，处方量更少。

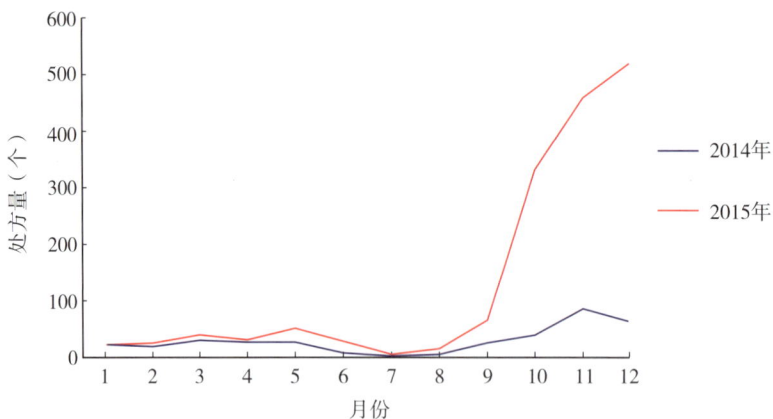

图3-15 2014—2015年昌平区植物诊所处方量变化趋势

大兴区农业生产以温室生产为主，茬口丰富，除温度较低的1—2月、11—12月外，其余每个月基本都有蔬菜定植和生产。因此，植物诊所全年各月份均有农户前来问诊和咨询。而在2016年以后，由于农户的老龄化趋势及工厂化育苗的普及，大兴区农业生产出现温室生产数量减少、小农户数量下降、基地集中生产数量增多等情况，因此，2017年处方开具数量整体较2016年出现明显下降（图3-16）。

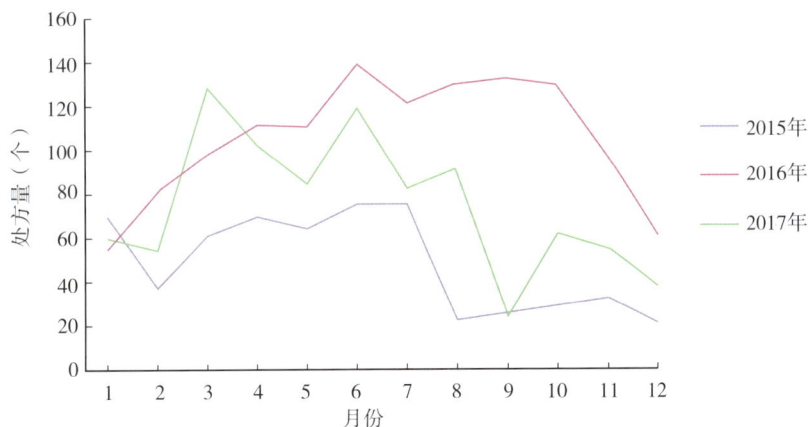

图3-16　2015—2017年大兴区植物诊所处方量变化趋势

密云区植物诊所均位于密云区蔬菜生产核心区，全年各月份均有相对固定数量的农户咨询（图3-17）。除1—2月外，其余各月份密云植物诊所的植物医生均有相对固定数量的农户咨询，其中上半年的3—4月、下半年的11—12月在一年中相对咨询量较大，主要是因为3月开春后随着气温回升，蚜虫、粉虱等虫害发生较多，设施果菜根结线虫危害发生呈上升趋势；11月气温降低，棚内空气相对湿度增大，秋冬茬、冬茬蔬菜灰霉病、霜霉病等迅速增加。2014年1—7月的处方量低于8—12月的处方量，主要原因可能是密云区在2014年下半年增加了一个植物诊所（密云西田各庄吉祥通山植物诊所），问诊农户增多，处方量增加。

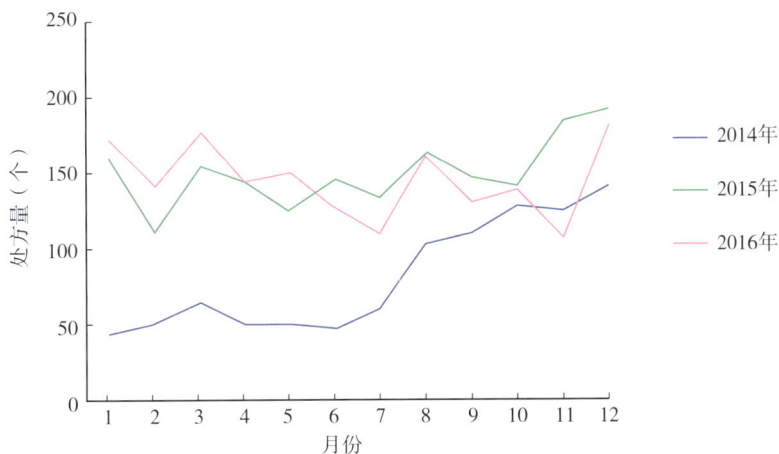

图3-17　2014—2016年密云区植物诊所处方量变化趋势

延庆区植物诊所处方量呈明显的季节性变化（图3-18），这与延庆区冬季气温较低，大部分设施无法生产果菜有关，导致冬季咨询数量很少，全年主要活动集中在6—9月，露地十字花科蔬菜的菜青虫、小菜蛾、蚜虫、甘蓝夜蛾等虫害，甘蓝枯萎病、黑腐病及大白菜霜霉病等病害，设施内蓟马、蚜虫等虫害，白粉病、炭疽病、叶霉病、早疫病等病害，是延庆区的主要病虫害。

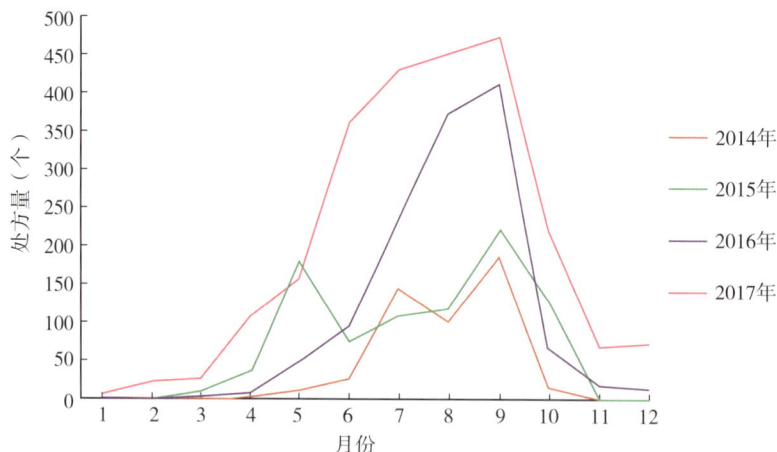

图3-18 2014—2017年延庆区植物诊所处方量变化趋势

2．大数据与病虫害统计及预测预报

通过对植物诊所历年处方数据进行统计分析可知北京市主要作物、主要辖区的病虫害发病情况及变化趋势，有利于当地植保部门进行植保数据统计，指导病虫害预测预报，有针对性地进行防治和技术推广以及指导科技项目立项，为政府指定农药补贴等相关政策的制定提供参考。

由图3-19、图3-20可知，北京市植物诊所2012—2020年咨询的主要病害为霜霉病、白粉病、灰霉病、病毒病、晚疫病、细菌性角斑病、根结线虫病、炭疽病、叶霉病、早疫病，主要虫害为蚜虫、叶螨、蓟马、粉虱、菜青虫、小菜蛾、甘蓝夜蛾、甜菜夜蛾、斑潜蝇、茶黄螨，这些数据也在一定程度上反映了北京近年发生的主要病虫害种类，有助于植保统计及预测预报工作。

每种病虫害都有其独特的发生规律和特点，而这些规律和特点通常都与气候条件、温湿度等密切相关，通过处方我们也可以发现类似的相关性，当某一年某种病虫害的处

图3-19 2012—2020年植物诊所咨询主要病害（前10位）

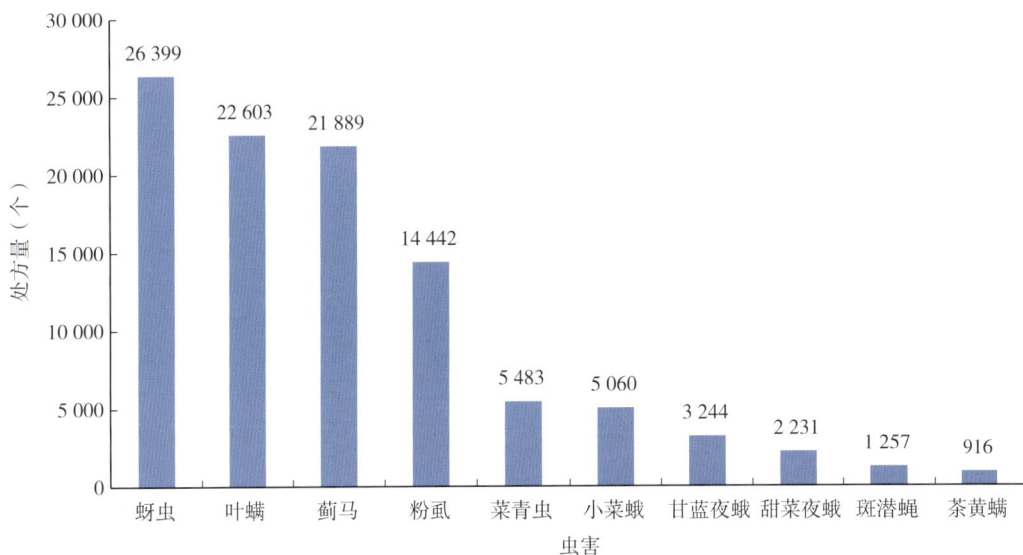

图3-20　2012—2020年植物诊所咨询主要虫害（前10位）

方量发生大幅度变化时，从当时的天气状况也可以发现一些相应变化。因此，当某一年气候发生一些异常变化时，我们可以做出病虫害可能会发生变化的预测预报，从而指导农业生产，减少农户损失。

由图3-21可见，昌平区2015年10—12月、2016年1—4月草莓白粉病处方量都比其他年份显著增加，而在这期间昌平区并没有新建植物诊所，因此可以推测，在这两个时间段，草莓白粉病的发生量显著高于其他年份。通过查询北京市这四年间的天气资料，发现2014年、2015年、2016年、2017年10—12月温度在草莓白粉病发病适温15～25℃的天数分别为29天、23天、26天、29天，天数差异并不明显，而在2015年10—12月，阴天、

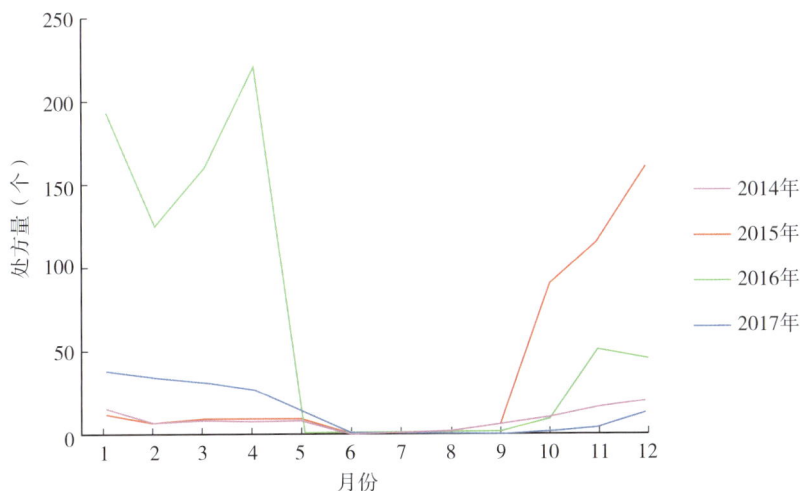

图3-21　2014—2017年昌平区草莓白粉病处方量变化趋势

雨雪天和雾霾天总数为53天，2014年、2016年、2017年10—12月三种天气总数则分别为40天、41天、25天。可见，2015年10—12月整体日照时数偏低，从而造成草莓生长过程中光照不足、长势偏弱，对草莓白粉病抵抗力降低，加之雨雪天气会造成空气相对湿度增大，更加有利于白粉病发生；2014年、2015年、2016年、2017年1—4月，阴天、雨雪天和雾霾天总数分别为42天、54天、32天、37天，但是图中显示，2016年1—4月，草莓白粉病处方量显著高于其他几年，通过查询2014年、2015年、2016年、2017年1—4月期间的温度，结果发现，2014年、2015年、2016年、2017年1—4月15～25℃的天数分别为29天、24天、40天、29天。可见，2016年1—4月适合草莓白粉病发生的天数明显多于2014年、2015年、2017年相应月份，从而造成草莓白粉病发生较重，这可能是2016年草莓白粉病处方量明显高于其他几年的原因。

因此，如果某一年遇到异常天气，我们可以将历年处方数据作为一项有价值的参考，有助于做出更准确的病虫害预测预报。

2012—2020年昌平区处方量位居前5位的病害为白粉病、晚疫病、病毒病、灰霉病、炭疽病，位居前5位的虫害为叶螨、蚜虫、蓟马、粉虱、茶黄螨（图3-22）；朝阳区处方量位居前5位的病害为根结线虫病、白粉病、灰霉病、霜霉病、晚疫病，位居前5位的虫害为蓟马、蚜虫、粉虱、叶螨、茶黄螨（图3-23）；大兴区处方量位居前5位的病害为病

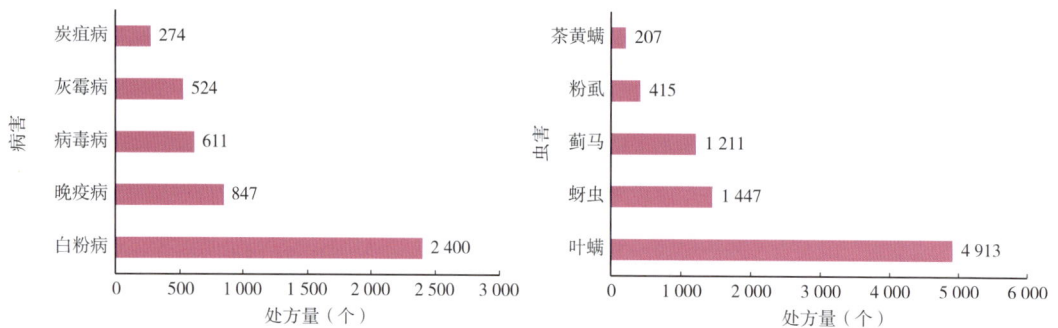

图3-22　2012—2020年昌平区处方量前5位的病虫害

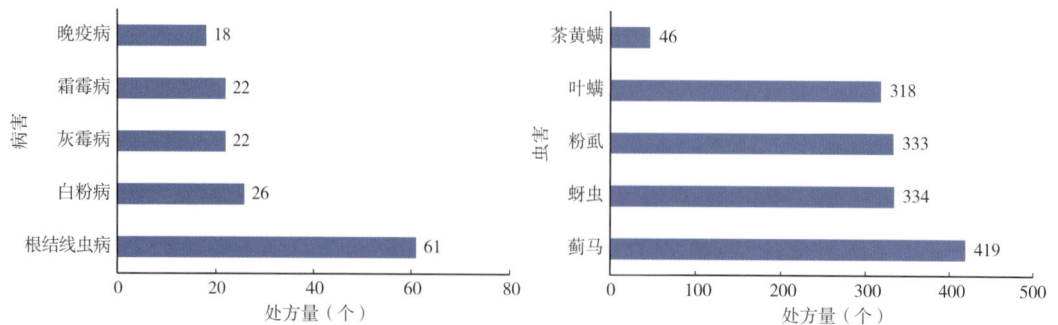

图3-23　2012—2020年朝阳区处方量前5位的病虫害

毒病、根结线虫病、晚疫病、霜霉病、猝倒病，位居前5位的虫害为蚜虫、叶螨、粉虱、蓟马、菜青虫（图3-24）；海淀区处方量位居前5位的病害为晚疫病、白粉病、霜霉病、灰霉病、根结线虫病，位居前5位的虫害为蓟马、蚜虫、叶螨、粉虱、菜青虫（图3-25）；房山区处方量位居前5位的病害为霜霉病、白粉病、灰霉病、晚疫病、根结线虫病，位居前5位的虫害为蚜虫、叶螨、蓟马、粉虱、甘蓝夜蛾（图3-26）；怀柔区处方量位居前5位的病害为白粉病、灰霉病、晚疫病、霜霉病、病毒病，位居前5位的虫害为蚜虫、粉虱、蓟马、叶螨、菜青虫（图3-27）；密云区处方量位居前5位的病害为霜霉病、灰霉病、病毒病、白粉病、晚疫病，位居前5位的虫害为蚜虫、粉虱、菜青虫、叶螨、蓟马（图3-28）；平谷区处方量位居前5位的病害为霜霉病、白粉病、灰霉病、晚疫病、病毒病，位居前5位的虫害为蚜虫、蓟马、叶螨、粉虱、菜青虫（图3-29）；顺义区处方量位居前5位的病害为霜霉病、细菌性角斑病、晚疫病、病毒病、白粉病，位居前5位的虫害为蓟马、蚜虫、叶螨、粉虱、小菜蛾（图3-30）；通州区处方量位居前5位的病害为霜霉病、白粉病、灰霉病、晚疫病、病毒病，位居前5位的虫害为蚜虫、蓟马、叶螨、小菜蛾、粉虱（图3-31）；延庆区处方量位居前5位的病害为白粉病、霜霉病、病毒病、叶霉病、炭疽病，位居前5位的虫害为叶螨、蚜虫、蓟马、粉虱、小菜蛾（图3-32）。

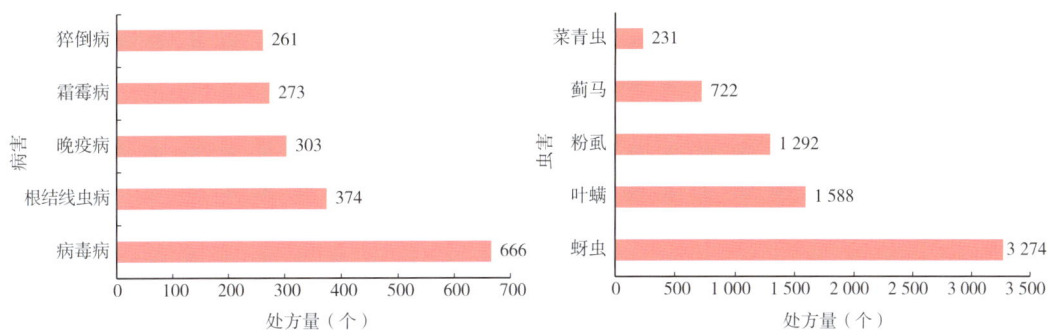

图3-24　2012—2020年大兴区处方量前5位的病虫害

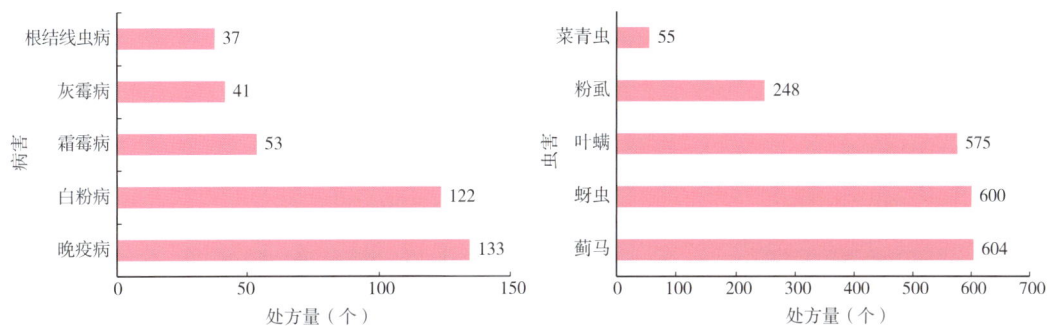

图3-25　2012—2020年海淀区处方量前5位的病虫害

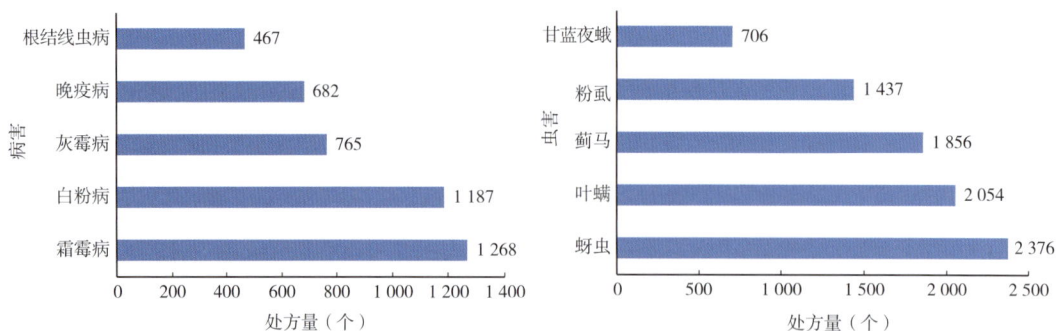

图3-26　2012—2020年房山区处方量前5位的病虫害

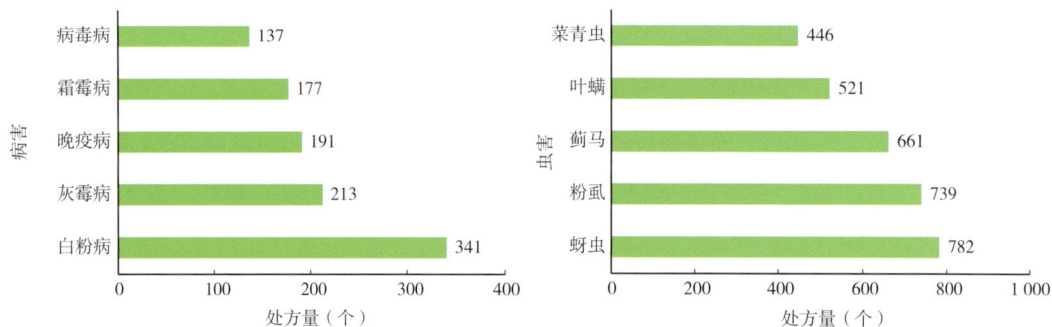

图3-27　2012—2020年怀柔区处方量前5位的病虫害

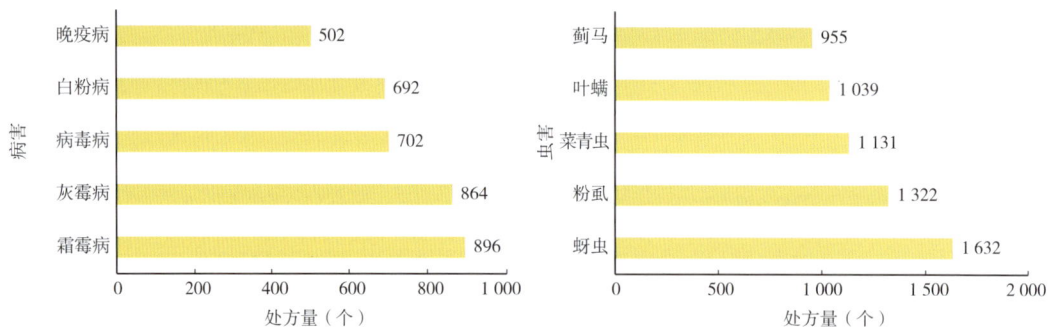

图3-28　2012—2020年密云区处方量前5位的病虫害

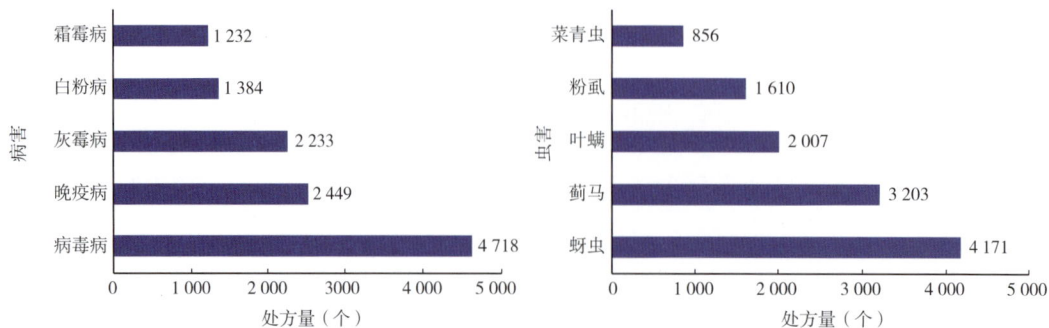

图3-29　2012—2020年平谷区处方量前5位的病虫害

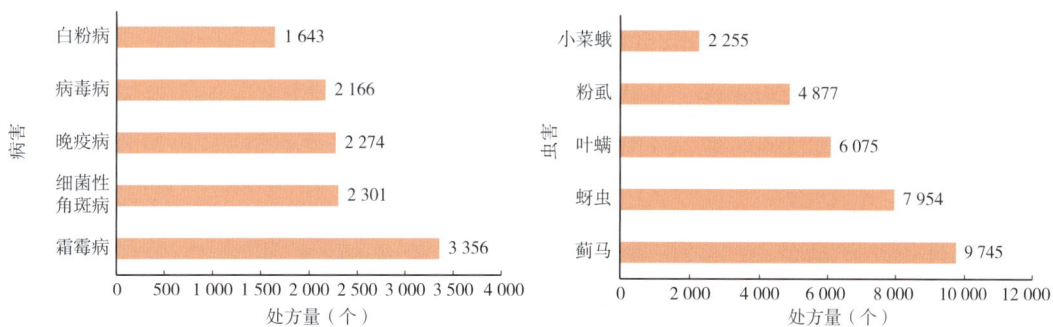

图 3-30 2012—2020年顺义区处方量前5位的病虫害

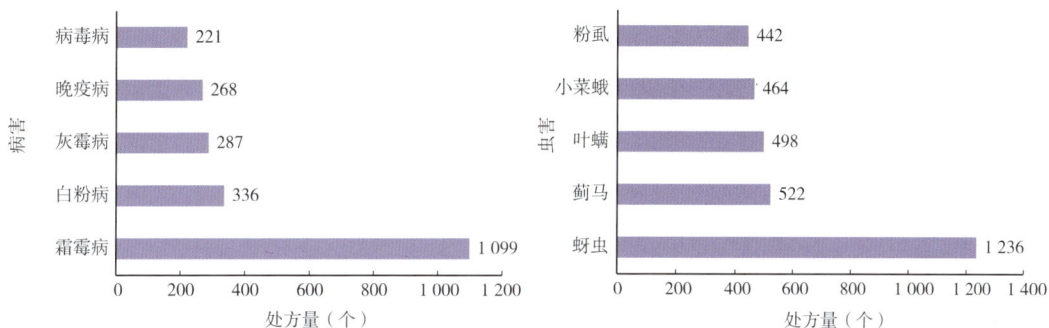

图 3-31 2012—2020年通州区处方量前5位的病虫害

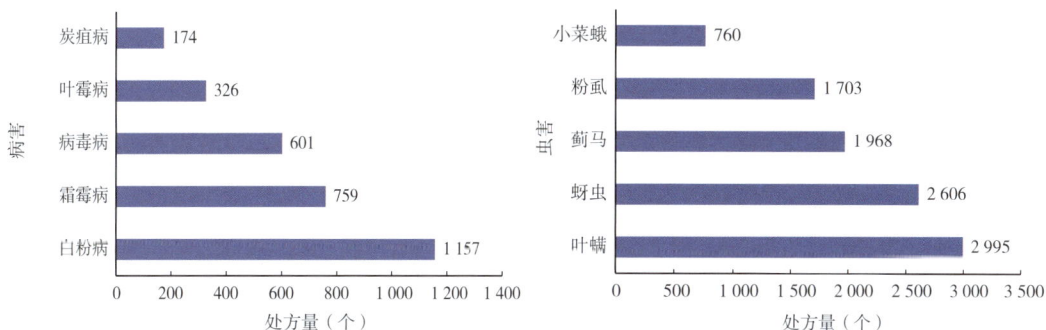

图 3-32 2012—2020年延庆区处方量前5位的病虫害

番茄咨询量从多到少占前5位的病害依次为晚疫病、病毒病、灰霉病、叶霉病、早疫病，咨询量从多到少占前5位的虫害依次为粉虱、蓟马、蚜虫、叶螨、甜菜夜蛾（图3-33）；草莓咨询量从多到少占前5位的病害依次为白粉病、灰霉病、病毒病、炭疽病、根腐病，咨询量从多到少占前5位的虫害依次为叶螨、蓟马、蚜虫、粉虱、茶黄螨（图3-34）；黄瓜咨询量从多到少占前5位的病害依次为霜霉病、白粉病、细菌性角斑病、灰霉病、根结线虫病，咨询量从多到少占前5位的虫害依次为蚜虫、粉虱、蓟马、叶螨、斑潜蝇（图3-35）；茄子咨询量从多到少占前5位的病害依次为白粉病、霜霉病、黄萎病、灰霉病、晚疫病，咨询量从多到少占前5位的虫害依次为蓟马、叶螨、粉虱、蚜虫、甘蓝夜蛾（图3-36）；甘蓝咨询量从多到少占前5位的病害依次为霜霉病、黑腐病、根结线虫病、灰霉病、病毒病，咨询量从多到少占前5位的虫害依次为小菜蛾、甘蓝夜蛾、蚜虫、菜青虫、甜菜夜蛾（图3-37）；白菜咨询量从多到少占前5位的病害依次为霜霉病、软腐病、黑腐病、炭疽病、黑斑病，咨询量从多到少占前5位的虫害依次为蚜虫、菜青虫、粉虱、小菜蛾、甜菜夜蛾（图3-38）；生菜咨询量从多到少占前5位的病害依次为霜霉病、根结线虫病、灰霉病、菌核病、白粉病，咨询量从多到少占前5位的虫害依次

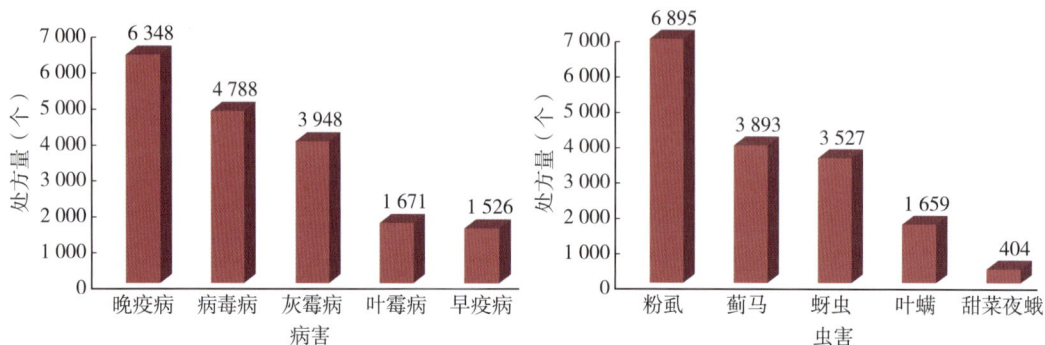

图3-33　2012—2020年番茄咨询常见病虫害（前5位）

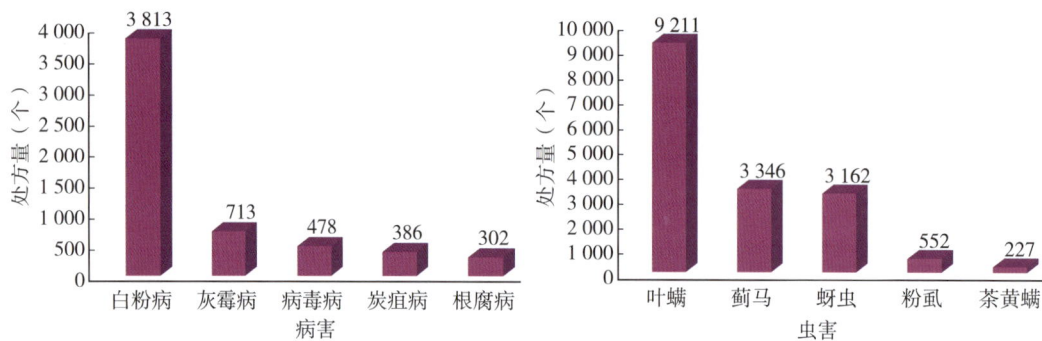

图3-34　2012—2020年草莓咨询常见病虫害（前5位）

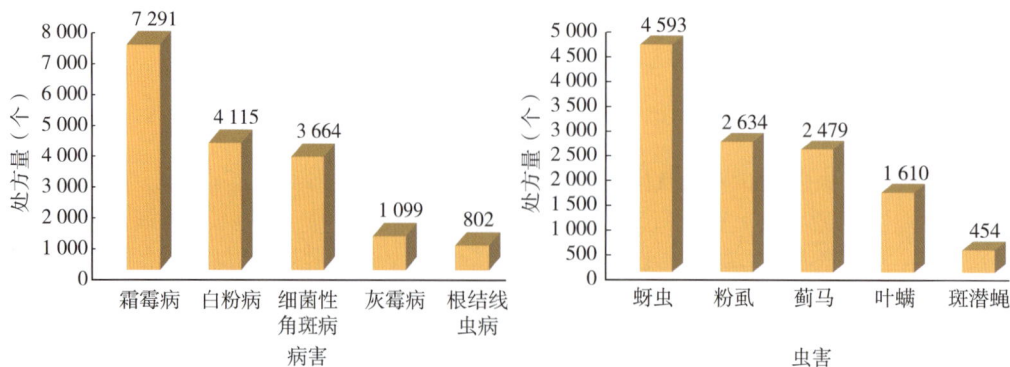

图3-35　2012—2020年黄瓜咨询常见病虫害（前5位）

为蚜虫、蓟马、小菜蛾、菜青虫、粉虱（图3-39）；辣椒咨询量从多到少占前5位的病害依次为白粉病、病毒病、疫病、炭疽病、灰霉病，咨询量从多到少占前5位的虫害依次为蓟马、蚜虫、叶螨、粉虱、茶黄螨（图3-40）；西瓜咨询量从多到少占前5位的病害依次为炭疽病、根结线虫病、猝倒病、白粉病、病毒病，咨询量从多到少占前5位的虫害依次为蚜虫、叶螨、蓟马、粉虱、菜青虫（图3-41）；豇豆咨询量从多到少占前5位的病害依次为锈病、白粉病、病毒病、炭疽病、菌核病，咨询量从多到少占前5位的虫害依次为叶螨、蚜虫、斑潜蝇、蓟马、粉虱（图3-42）。

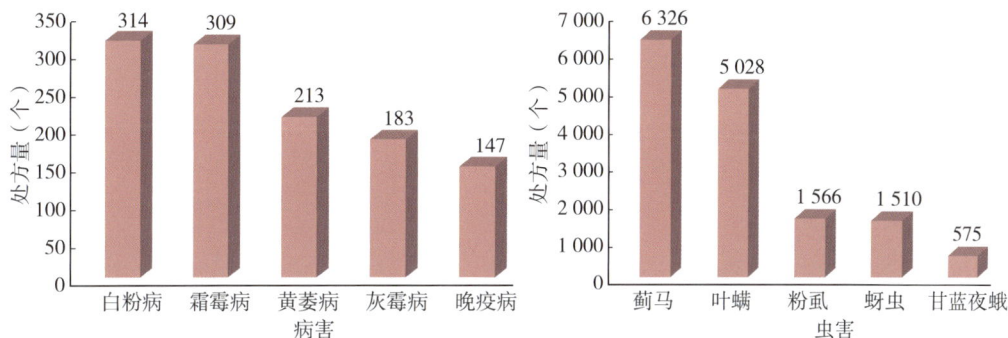

图3-36　2012—2020年茄子咨询常见病虫害（前5位）

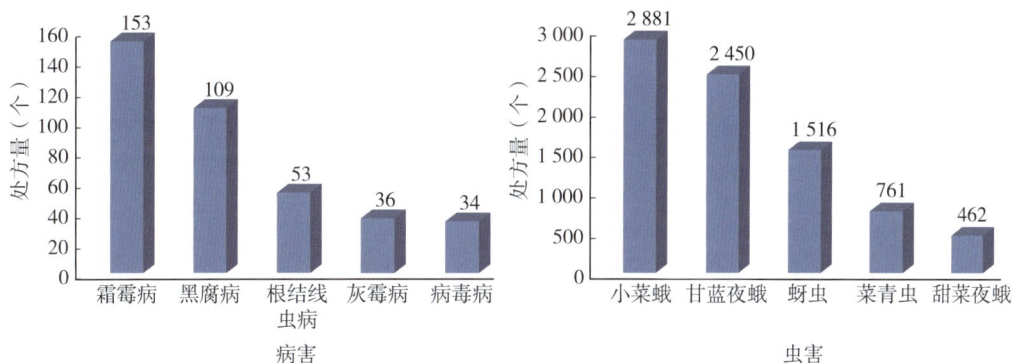

图3-37　2012—2020年甘蓝咨询常见病虫害（前5位）

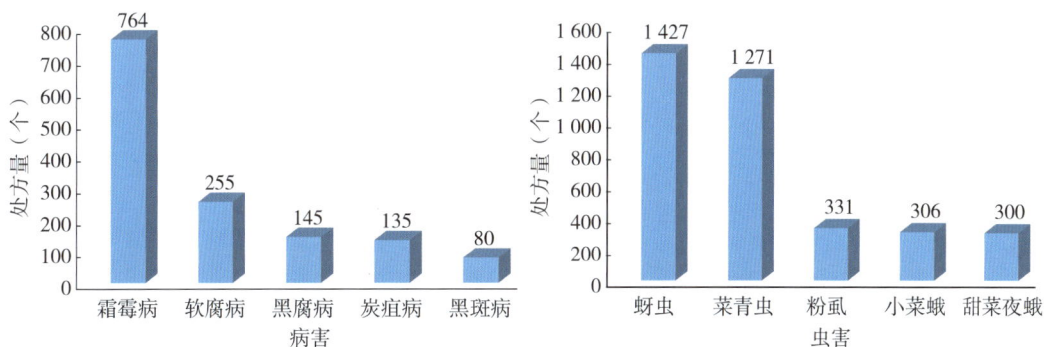

图3-38　2012—2020年白菜咨询常见病虫害（前5位）

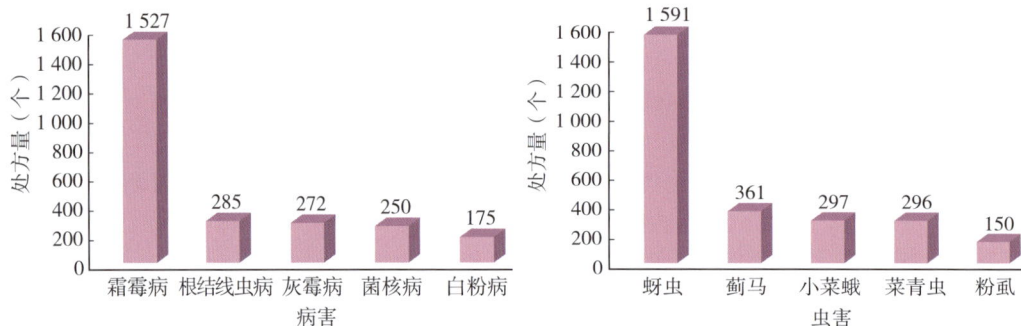

图 3-39　2012—2020年生菜咨询常见病虫害（前5位）

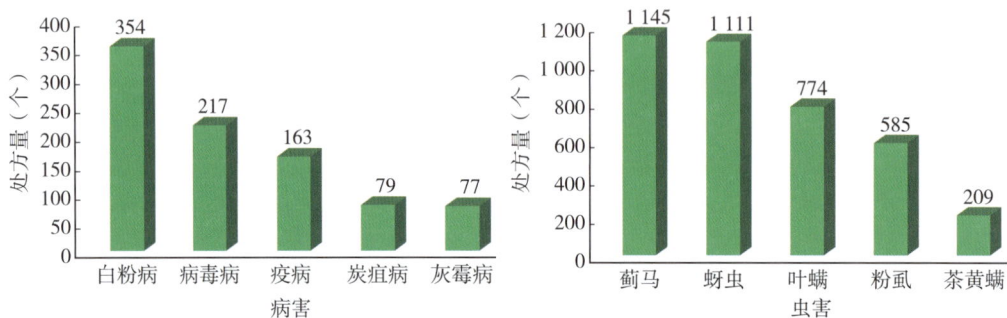

图 3-40　2012—2020年辣椒咨询常见病虫害（前5位）

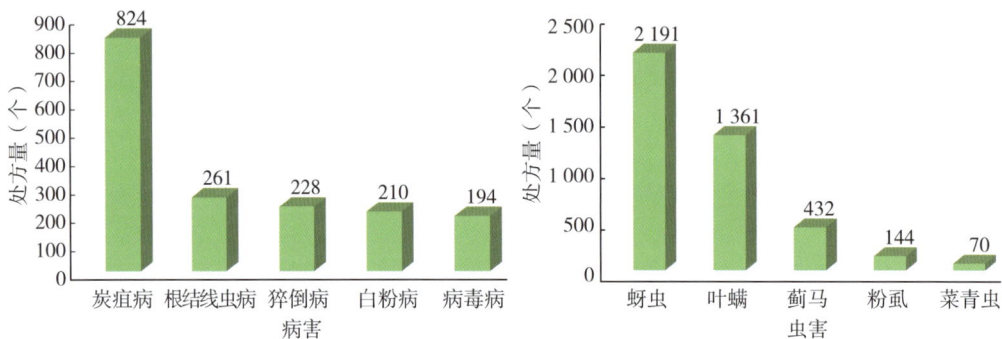

图 3-41　2012—2020年西瓜咨询常见病虫害（前5位）

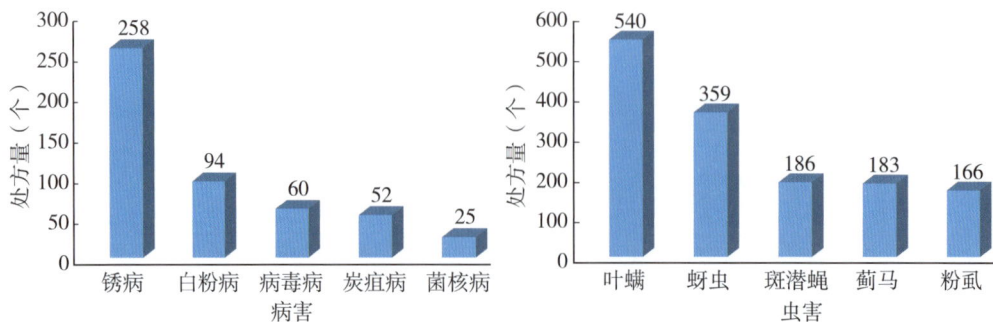

图 3-42　2012—2020年豇豆咨询常见病虫害（前5位）

　　以番茄为例，2014—2018年，北京市番茄咨询量前4位病害变化不大，主要在晚疫病、病毒病、灰霉病、叶霉病这4种病害之间变化，在2014年、2015年咨询量排在第五位的病害为脐腐病，2016年为黄化曲叶病毒病，2017年、2018年则为早疫病，而番茄咨询量前5位的虫害则主要在粉虱、蚜虫、棉铃虫、叶螨、菜青虫、蓟马之间变化，粉虱稳居第一位，棉铃虫虽然在2014—2017年位于前4位，但是在2018年却排在前5位之外（图3-43）。

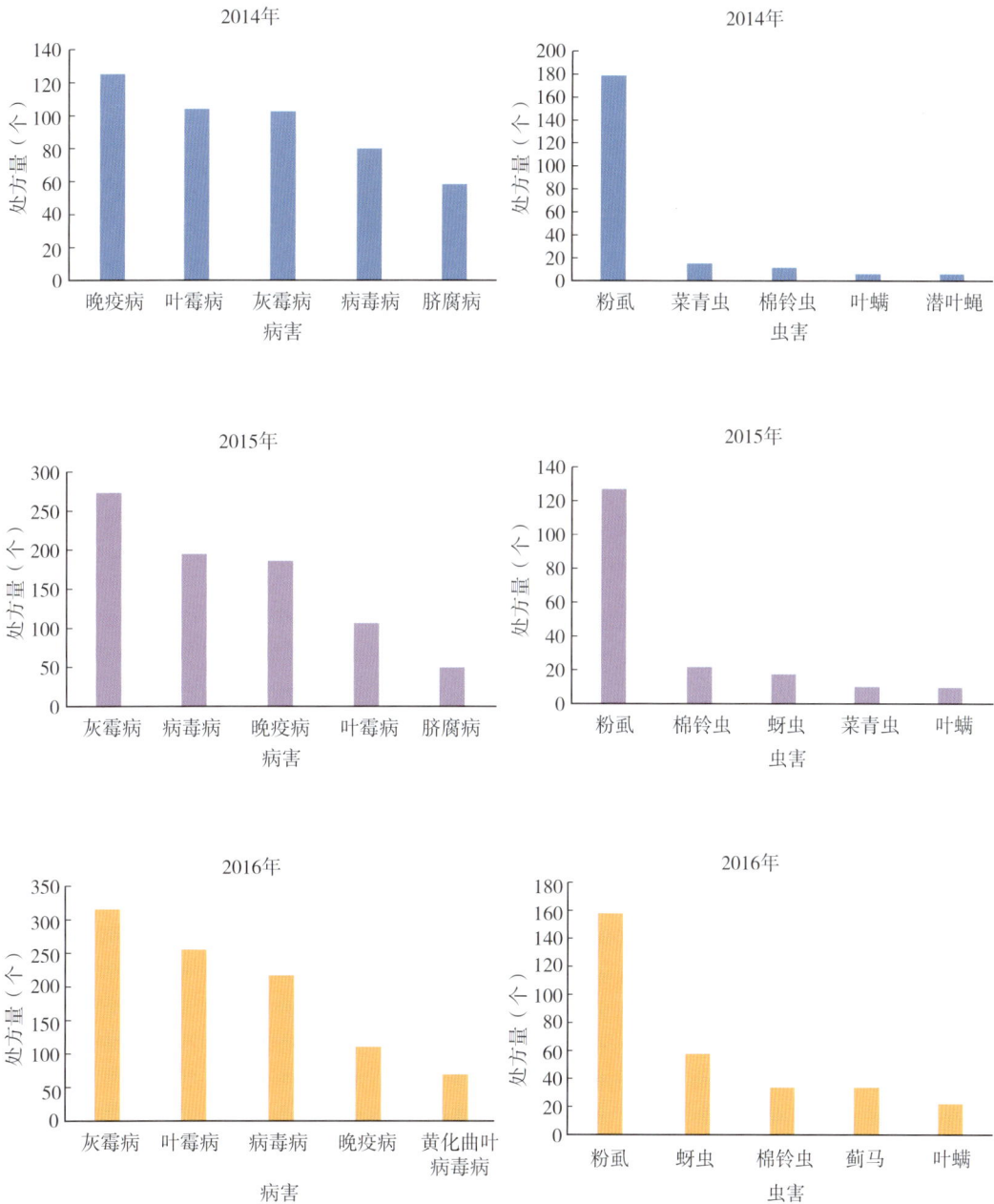

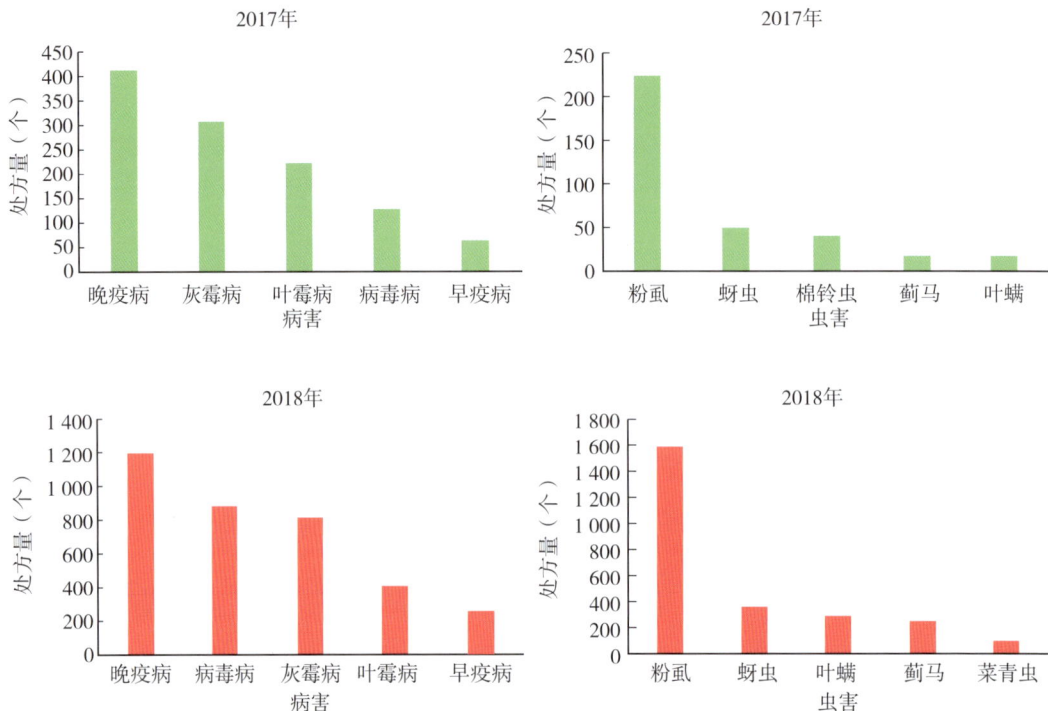

2017年（晚疫病、灰霉病、叶霉病、病毒病、早疫病 柱状图，纵轴 处方量（个））

2017年（粉虱、蚜虫、棉铃虫、蓟马、叶螨 柱状图，纵轴 处方量（个））

2018年（晚疫病、病毒病、灰霉病、叶霉病、早疫病 柱状图，纵轴 处方量（个））

2018年（粉虱、蚜虫、叶螨、蓟马、菜青虫 柱状图，纵轴 处方量（个））

图3-43　2014—2018年北京番茄咨询量前5位病虫害

由图3-44可见，2014—2018年延庆区番茄咨询量前5位病虫害与北京其他区番茄不尽相同，灰霉病作为北京番茄的主要咨询病害，在2014—2018年咨询量基本都排在前3位，但是在延庆区，灰霉病仅在2015年排名第四，其余年份在前5位均未出现，细菌性髓部坏死病、日灼病、青枯病、斑点病、筋腐病、斑潜蝇、茶黄螨等曾是延庆区番茄咨询量前5位的病虫害，但是这些病虫害咨询量均未进入北京番茄病虫害前5位。可见，通过对植物诊所处方数据的统计分析，可以了解北京不同年份、不同区、不同作物的病虫害发生情况，有助于植保技术推广机构针对性地制定和发布病虫害防控专刊，提高预测预报的精准性和科学性，减少盲目性，同时也是科技项目立项的重要参考。

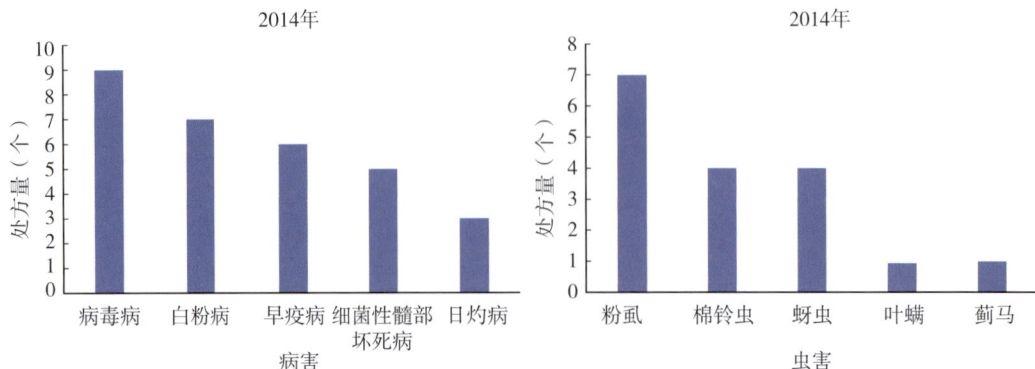

2014年（病毒病、白粉病、早疫病、细菌性髓部坏死病、日灼病 柱状图，纵轴 处方量（个））

2014年（粉虱、棉铃虫、蚜虫、叶螨、蓟马 柱状图，纵轴 处方量（个））

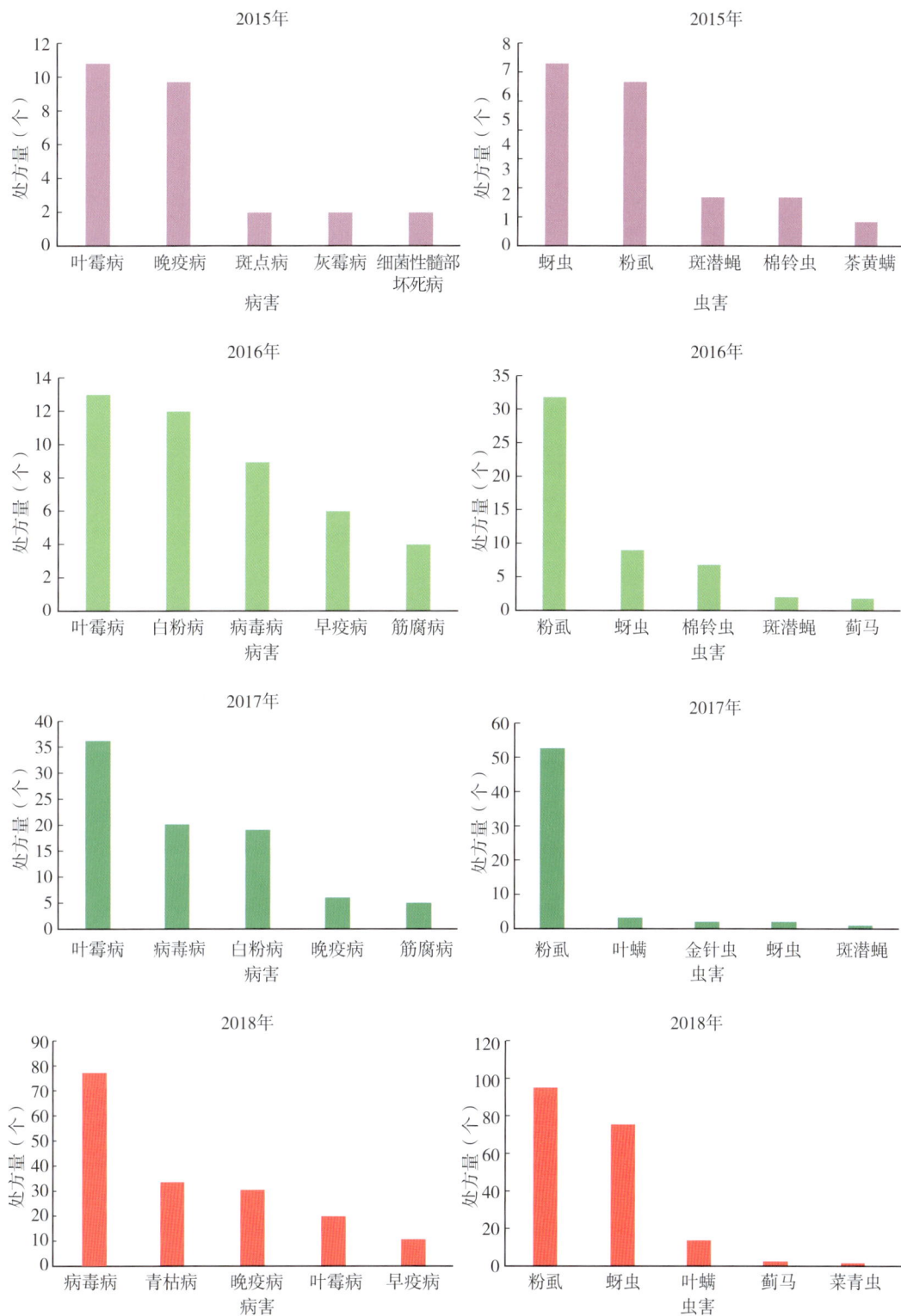

图3-44　2014—2018年延庆区番茄咨询量前5位病虫害

　　由图3-45可见，北京市范围内，黄瓜霜霉病在全年均有咨询，在3月、5月、8月、9月、12月均有咨询小高峰，顺义区和怀柔区黄瓜霜霉病处方量变化趋势与北京市整体处方量变化趋势基本一致，而延庆区却有所不同。延庆区黄瓜霜霉病的处方集中在4—11月，7—9月咨询量最多，10—12月逐渐下降，这从一定程度上反映出延庆区的黄瓜霜霉病发病情况与北京市整体情况不太一致。因此，根据不同区蔬菜病虫害处方量变化趋势，有利于做出针对性的预测预报，将病虫害引起的作物产量和品质损失降到最低，同时有利于降低防治成本，提高农户收益。

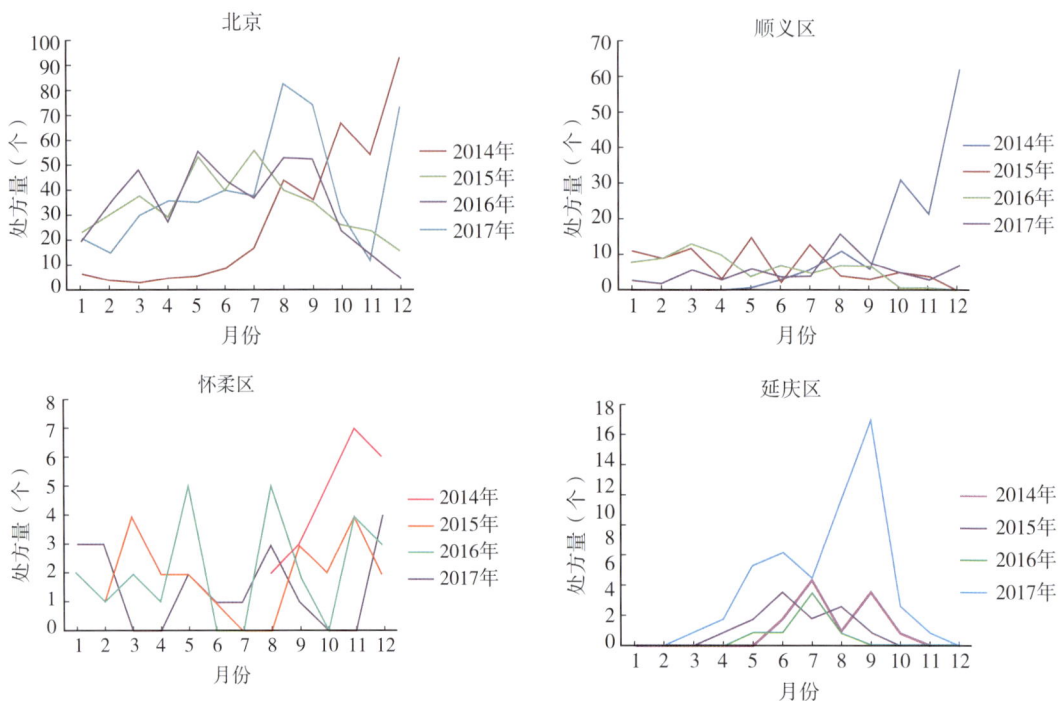

图3-45　2014—2016年北京市植物诊所及顺义区、怀柔区、
延庆区植物诊所黄瓜霜霉病处方量变化趋势

注：怀柔区的植物诊所于2014年7月开始运行，因此怀柔区图中2014年的数据从8月开始

　　由图3-46可见，北京草莓白粉病处方量在1—5月逐渐减少，9—12月逐渐增多，6—8月最少，这与草莓白粉病的发病趋势密切相关，草莓白粉病在整个草莓生长发育过程中均可发生，一般在11月至翌年1月高发，之后随着温度升高，发病情况逐渐减轻，6月、7月最轻，9月之后随着温度降低，发病情况逐渐加重，同时，也与北京草莓的种植情况相关，草莓的定植一般在8月、9月，6月、7月一般没有草莓种植。

　　由图3-47可见，北京地区蚜虫咨询处方量变化情况为1—5月逐渐增多，5—8月逐渐下降，8—10月有一个小高峰，10—12月逐渐下降，而这一变化情况与蚜虫在北京的发生趋势呈正相关。气温为16～22℃时最适宜蚜虫繁育，晚秋气温降低，蚜虫迁飞到越冬寄主上交尾后产卵过冬，早春卵孵化后先在越冬寄主上生活繁殖几代，部分蚜虫再迁飞到其他寄主作物上危害，随着温度升高，4—5月为高发期，夏季温度偏高，反而不利于蚜虫发生。

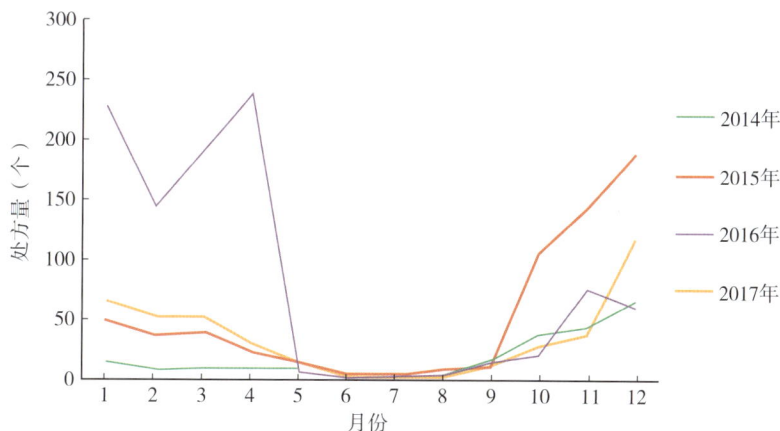

图3-46　2014—2017年北京草莓白粉病处方量变化趋势

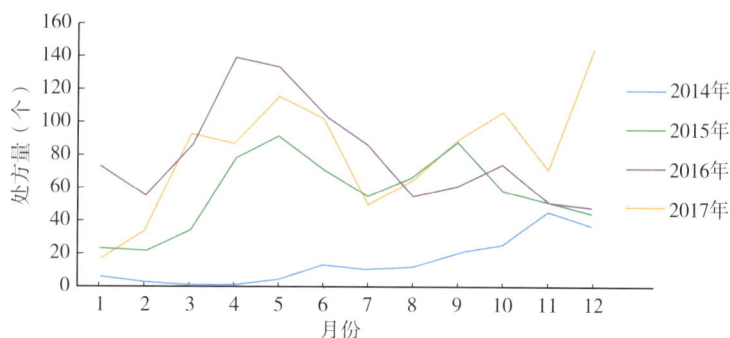

图3-47　2014—2017年北京蚜虫处方量变化趋势

可见，植物诊所处方可以在一定程度上反映病虫害发生情况和发生趋势，有利于病虫害预测预报，帮助农户提前进行防控，减少农药使用，降低生产成本，提高作物产量和商品生产及食用安全，同时也是政府指定农药补贴等相关政策的重要参考。

3．其他应用

（1）反映不同类型植物医生开具处方及服务质量的区别

截至2019年12月31日，北京市共有植物诊所115家（113家固定植物诊所，2家流动植物诊所），其中依托农业技术推广单位（如昌平区植保植检站、延庆区植物保护站等）建立植物诊所5家，依托农民专业合作社建立20家，依托农资店建立65家，依托农业企业建立25家。因此，根据植物医生与植物诊所之间的关系，我们将植物医生分为两大类，一类是与植物诊所依托机构有利益关系（记为A类），一类是仅在植物诊所坐诊，与植物诊所依托机构没有任何利益关系（记为B类）。

通过将历年处方数据进行对比分析，结果表明：

①99%的处方中给出的防治建议对所诊断的病虫害都是有效的。

②两类植物医生的处方中，给出的病虫害诊断合格率均较高，A类植物医生为98.8%，B类植物医生则为99.7%。

③A类植物医生有83%的处方中防治建议书写较完整［完整即按照IPM（Integrated Pest Management）原则[①]，针对诊断给出所有类型的防治建议］，B类植物医生为91%。

④在病情描述的书写方面，平均每张处方病情描述的字数为（18±14）个字。A类植物医生每张处方病情描述部分的字数为（18.5±16.9）个字，B类植物医生则为（17.6±9.9）个字，A类植物医生在病情描述的书写方面比B类植物医生略详细，不过差别并不是很显著。

⑤在防治建议的书写方面，平均每张处方防治建议的字数为（61±87）个字，A类植物医生每张处方防治建议部分的字数为（53±53）个字，比B类植物医生的（46±37）个字要略详细一些，不过差别也不是很显著。

⑥在防治药品的开具方面，A类植物医生开具的生物药剂比例略高于B类植物医生，B类植物医生开具的化学药剂比例稍高一些，A类植物医生开具的抗生素（3.5%）比B类植物医生（2.2%）略多，差别并不显著。

⑦A类植物医生平均每次坐诊开具处方数为（6.3±6.1）个，略高于B类植物医生（5.9±5.8）个，差别不显著。

综上所述，与植物诊所有无利益关系均不影响植物医生为农户提供病虫害诊断和防治咨询服务，而且由于公立机构植物医生数量有限，农资店、农业企业等私营机构的植物医生可以作为为广大农户提供植保技术服务的有益补充，拓宽了植保技术服务的覆盖面，进一步延伸了植保专业化服务的链条，有利于植保技术服务"最后一公里"问题的解决。

（2）反映植物诊所对于绿色防控技术推广的作用

2017年，为解决绿色防控技术补贴覆盖小农户难的问题，在多年植物诊所工作基础上，北京市植物保护站首创将绿色防控补贴项目与植物诊所融合，将植物医生开处方作为实施补贴的关键环节，依据植物医生针对农户具体问题开具的个性化处方和农资店的销售记录，对购买天敌、生物农药、理化诱控产品、授粉昆虫和高效低毒低残留化学农药等绿色防控产品的农户给予一定比例的限额补贴，引导并鼓励农户使用绿色防控产品，将绿色防控补贴的受益面进一步向农户扩展，探索"以补代发"的新型绿色防控产品补贴模式，并以植物诊所服务的科学性和专业性确保政府补贴落到实处，提高补贴资金利用效率。

2017年10月开始试运行的北京市农药减量使用管理系统（简称减药系统）是这一创新的绿色防控补贴实施模式的在线管理系统，是北京市植物保护站为实现植保管理工作的数字化和自动化，以三级植物健康体现建设为基础，以开展绿色防控补贴为切入点而建立的一个在线管理系统。系统用户为上述创新绿色防控补贴流程中的5类主体，即农户（补贴对象）、植物医生、农资经销商、农资供应商和各级政府植保站。补贴对象持作物健康保障卡去植物诊所咨询和去农资店购买补贴产品。通过扫描作物健康保障卡二维码，植物医生可获得农户的基本信息，包括姓名、地址、种植作物种类、种植面积等。

---

① IPM原则，即有害生物综合治理原则，指综合考虑生产者、社会和环境利益，在投入效益分析的基础上，从农田生态系统的整体性出发，协调应用农业、生物、化学和物理等多种有效防治技术，将有害生物控制在经济危害允许的水平以下。——编者注

植物医生在系统中开具处方，农资店主通过扫描作物健康保障卡二维码，即可识别补贴对象处方中需要购买的农药种类、数量和享受补贴后农户应支付的金额。而农资店销售的每一笔补贴产品，系统中都会记录补贴产品种类、销售价格和对应的供应商。每月系统自动核算补贴资金，并生成补贴资金明细、补贴台账等。北京市植物保护站以此为依据，与农药供应商签订合同并支付补贴资金（图3-48）。利用信息化技术，实现了植物医生服务和绿色防控补贴全程留痕可追溯以及动态化管理。

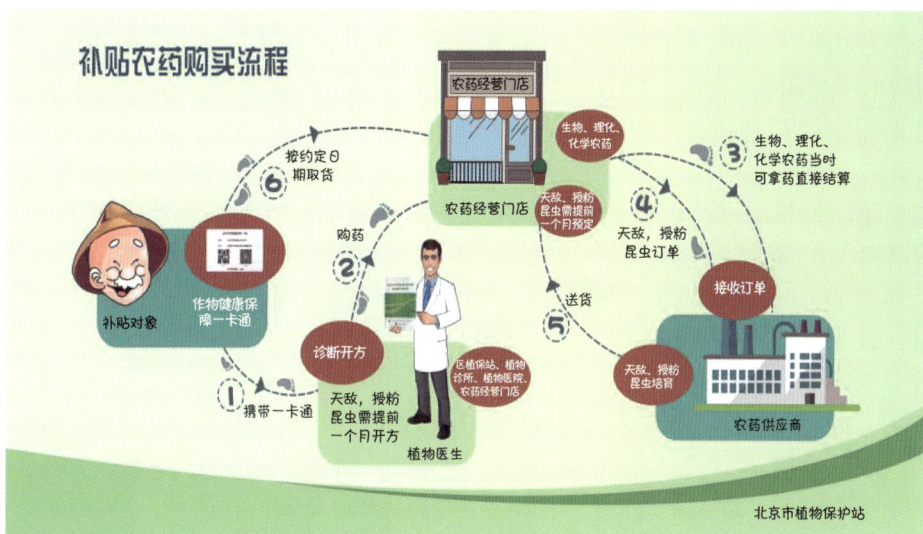

图3-48　补贴流程

2015—2018年共有72 474条处方，从2015—2017年每年的处方中随机抽取1 000条处方数据，作为这3年的数据分析样本。因为减药系统有自动统计分析功能，所以对2018年的处方不进行抽样，都用于数据分析。数据分析针对处方中的防治建议部分，从《北京市2018年农作物病虫草鼠害绿色防控农药与药械产品推荐名录》中选取处方中最常推荐的5大类18种绿色防控补贴产品，分别统计其在4年处方样本中推荐的次数，计算其占总样本量的百分比，并在不同年份间进行比较，用于评估植物诊所与绿色防控补贴项目融合对绿色防控产品的推广效果，以及在农药减量方面的影响。18种绿色防控产品分别是：①天敌，捕食螨、瓢虫、蜻类；②授粉昆虫，蜜蜂和熊蜂；③生物农药，乙基多杀菌素、寡雄腐霉；④理化诱控产品，粘虫板、防虫网和性诱剂；⑤高效低毒化学农药（杀虫剂和杀菌剂各4种），嘧菌酯、苯醚甲环唑、腐霉利、锰锌类、啶虫脒、氯虫苯甲酰胺、甲氨基阿维菌素苯甲酸盐、阿维菌素。

为了更好地解读处方并分析结果，我们选取了以草莓生产为主要产业的昌平区，针对草莓种植户和农资经销商进行了一个小型的问卷调查。调查共采访了10个草莓种植户（6女4男）和5个农资经销商（2女3男）。其中，7位农户是减药系统的补贴对象，在减药系统享受了绿色防控补贴，3位不是补贴对象，没有享受减药系统的绿色防控补贴；3个农资经销商在减药系统内，另2个不在系统内。农户调查主要为了了解2017—2018年草莓生长季农药购买、使用和享受补贴的情况，以及与2016—2017年生长季比较，草莓用药的变化情况，拟验证减药系统推广绿色防控产品应用的效果。对农资经销商调查主要了解在两个年度的草莓生长季，农资店中各类植保产品的销售额变化情况，旨在比较减药系统的运转对农资销售的影响。

对2015—2018年处方分析的结果表明，2015—2017年，北京市植物诊所每年的处方量在11 000～13 000个，2018年，减药系统运行后，年处方量增加到36 755个，几乎达到系统运行2016年处方量的3倍。单个植物诊所的年平均处方量也由2015年的475个增长到2018年的525个。植物诊所服务农户数相对比较稳定，基本保持在5 000～5 800户左右。这也表明同一农户访问诊所的频率显著提高了。2015—2017年，每个农户来植物诊所咨询的频率平均约为2次，而2018年则达到了6次，这意味着植物诊所已逐渐成为农户为植物健康问题寻求帮助的常用渠道。

农资店访谈信息显示，各类产品销售额占比在减药系统内、外两类农资店间差异很大。如天敌、授粉昆虫的销售额占比在系统内农资店远远大于系统外农资店，而化学农药的销售占比则正好相反。以各店间的平均值计，两类农资店的比较如下：天敌类产品为65%对3%；授粉昆虫为17%对2%；而化学农药则为5%对68%。说明利用不同补贴比例来引导农民使用绿色防控产品效果非常好。同时，参与植物诊所和绿色防控补贴项目对系统内农资店的销售额均有明显提高，受访农资店表示与去年同期比较，总销售额提高了5%～20%，而利润的提高都来自绿色防控产品的销售，特别是天敌和生物农药。

诊所处方数据分析结果显示，2015—2018年，越来越多的农户购买和使用北京市绿色防控产品推荐名录中的产品。以所选的5种常用天敌或生物农药产品为例，4年间，推荐这5种产品的处方量在年总处方量中的占比上升了20个百分点（从2015年的9%到2018年的29%），其中，2015—2017年增长了10个百分点，2017—2018年又增长了10个百分点（图3-49）；而对于所选的8种化学农药（杀虫剂和杀菌剂各4种），相关处方量占比在减药系统运行后呈显著下降趋势，其中2017年比2015年增加了11个百分点，但2017—2018年又下降了15个百分点（2015年30%，2017年41%，2018年26%）。低毒低残留化学农药和生物农药的处方占比最高，分别为37%和34%，其次是天敌类产品（20%），授粉昆虫和理化诱控类产品分别占比6%和3%。

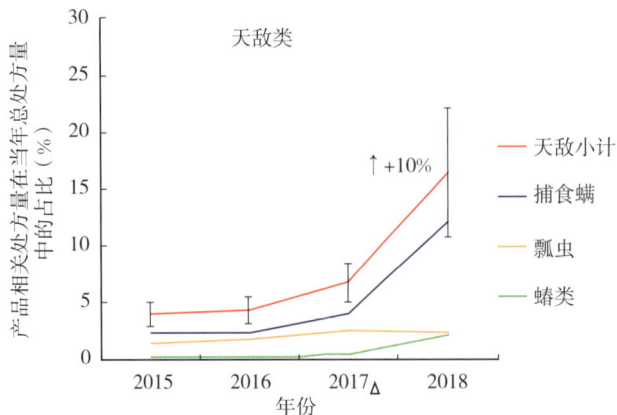

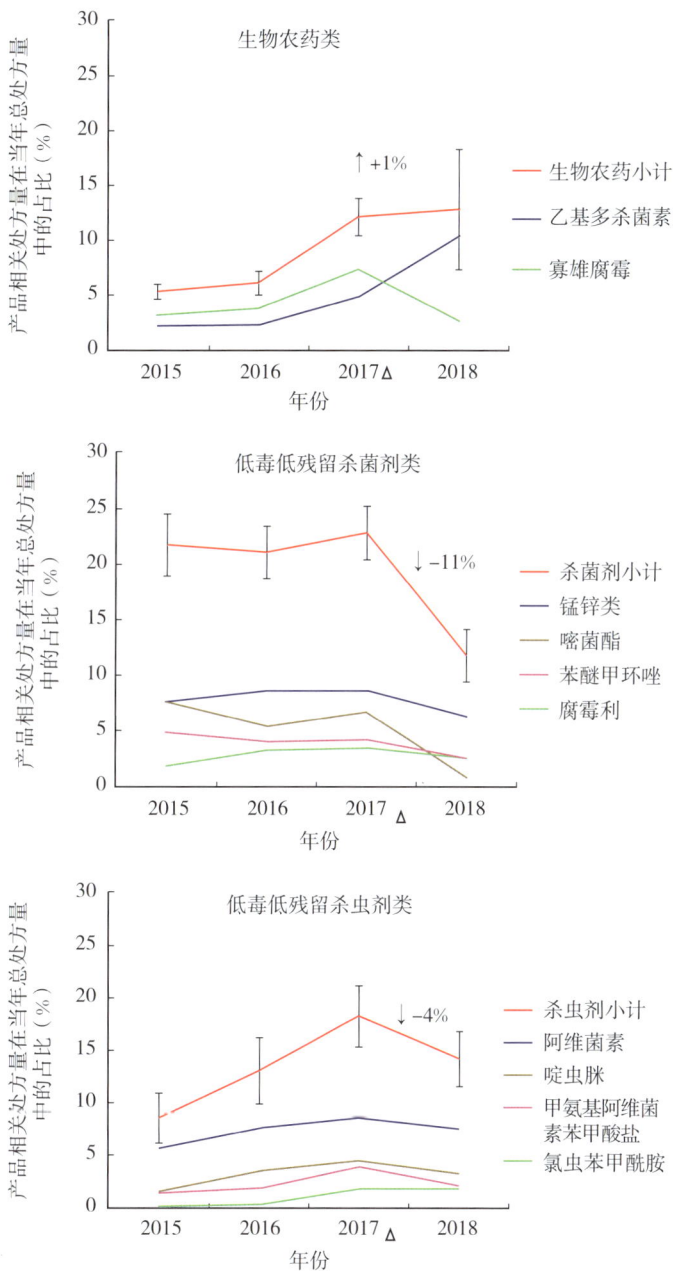

图3-49 常用天敌、生物农药、低毒低残留杀菌剂和杀虫剂类
绿色防控产品相关处方量占比的年度变化

　　各类绿色防控产品处方量占比的具体年份变化见图3-49。天敌类产品中捕食螨的推荐率最高，其次是瓢虫和蜻类，总体呈逐年上升趋势，尤其是2018年减药系统运行后，天敌产品的高补贴比例（90%）推动捕食螨和蜻类的处方量占比大幅增加，比2017年分别增加了216%和320%。只有瓢虫的处方量占比稍有下降（降低了8%），这可能是由于

瓢虫食性窄，在温室常见害虫中单食蚜虫。而杂食性捕食螨推荐率大幅上升，也间接导致了瓢虫的推荐率降低。

生物农药类产品推荐率较高的是乙基多杀菌素和寡雄腐霉。其中，乙基多杀菌素处方量占比逐年提高，2015—2018年增长了约3.5倍。但寡雄腐霉在2015—2017年持续增长后，2018年处方量占比反而下降，比2015年还下降了19%。一方面是由于2018年处方总量激增（年处方量增长近3倍）而使其处方量占比下降；另一方面，通过与农户的交流中发现，很多农户除了享受减药系统中的市级绿色防控补贴外，同时还享受各区的绿色防控补贴，且有些区对生物农药的补贴比例大于50%（如2018年昌平区生物农药补贴比例为80%），因此有很多农户选择区级补贴渠道购买生物农药，这部分销售量本研究无法计入，这也是减药系统中生物农药处方量占比下降的另一个原因。

另外，常用授粉昆虫（2种）和理化诱控产品（3种）在2018年减药系统处方量中的占比分别为6.2%和2.9%。但是，由于2015—2017年的诊所处方对这两类产品的记录要求与2018年减药系统中的记录要求差异较大，因此年度间可比性不大，在此不做进一步比较。

综上所述，诊所非化学防治产品处方量占比的增加和化学农药处方量占比的下降必将引起农户化学农药使用量的减少。当然，减药系统中化学农药补贴比例低，可能是其占比下降的一个重要推动力，这也表明，将植物诊所与绿色防控补贴项目结合对于农药减量有非常积极而显著的推动作用。

04 第四章 PART FOUR
北京市三级植物健康体系

一、三级植物健康体系建设构想

参照人的医疗卫生系统机构设置三级体系，乡、镇、村级设立基层植物诊所，区级设立植物医院，市级设置北京市植物总医院。面向周边农业生产、阳台农业提供以病虫害为主的植物健康问题诊断和绿色解决方案，各层级逐级向下提供技术支撑。以基层植物诊所为社区植物医院，以区级植物医院为二级植物医院，以市级植物总医院为三级植物医院的三级公共植物健康体系率先在国内建立，植保公共服务能力有望得到大幅提升。

1．以政府购买服务的方式，继续推进三级体系建设

病虫害的准确诊断与科学防治涉及农药的安全使用，对提高农产品质量安全和生态环境安全具有重要的意义。在当前社会发展转型期，农产品质量安全是各级政府保障民生的重要内容，以政府购买服务的方式，根据服务情况为植物医生提供补贴，利用较小的资金投入解决政府公益性服务覆盖不足的问题，具有很强的现实意义。

2．建立以农户诊断卡为纽带的信息系统，全面整合植保服务与投入品监管

针对当前存在的处方填写复杂、诊断与防治脱节、补贴依据不清等一系列问题，拟建立一套以植物健康诊断卡为纽带的信息系统，将地理信息（行政区域、坐标、规模）、作物信息（茬口、品种、安全标准）、农户信息（姓名、年龄、联系方式）、农资购买信息等全部入库，实现以下功能：

①政策制定依据。种植的作物和品种的统计信息可作为政策制定的依据。

②提高开诊效率。刷卡直接显示农户基本信息，节约处方开具时间。

③科学指导防治。查询病虫害诊断与防治历史记录，作为防治参考。

④实现精准补贴。政府依托有信誉的农资店设立补贴专柜，植物医生根据农户种植规模开具相应数量的绿色防控产品，农户凭处方购买可享受补贴。

二、北京市植物总医院建设

1．植物总医院顺利建成

在北京市农业局的大力支持下，北京市植物总医院于2015年12月17日正式成立。植物总医院是由北京市植物保护站建立并提供病虫害诊断等服务的一个窗口，为区级植物医院和植物诊所解决不了的疑难杂症提供智力支撑。植物总医院的运行显著提升了北京

市植物保护站在社会的知名度，进一步宣传了北京市植物保护站为农产品质量安全所作出的积极贡献，展示了一个负责任的政府单位形象。北京电视台、北京广播电视台、新华网、参考消息、京华时报、北京青年报等多家媒体对植物总医院的建立和运转情况广泛关注并进行了多次报道，许多领导专家专程来植物总医院参观和指导。

  2．植物总医院功能

主要有四大功能：病虫害诊断咨询，绿色防控技术展示，科普交流平台以及住院服务。所有服务均是公益性服务。

（1）病虫害诊断咨询

一方面面向广大市民提供阳台农业相关技术咨询，促进农业进城和城乡互动，破解阳台农业的瓶颈。另一方面面向北京市植物诊所和区植物医院，对于基层无法解决的问题通过网络实现远程诊断或现场诊断（图4-1）。

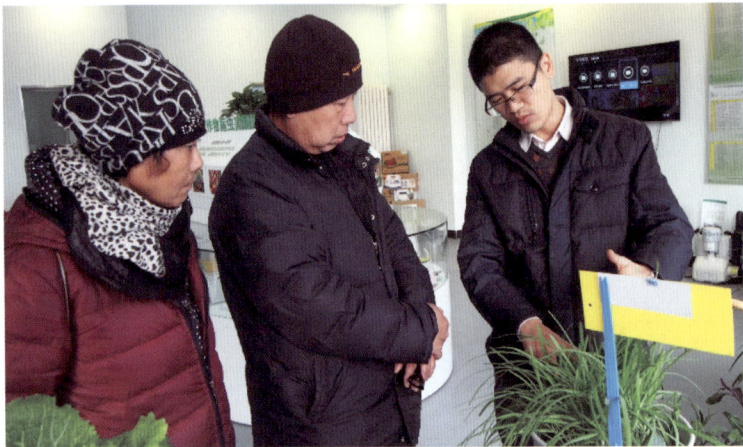

图4-1　专家解答市民病虫害问题咨询

2016年，植物总医院接待市民现场咨询超过3 900人次，电话咨询439人次，微信平台咨询9 443人次。2016年4月18日，位于嘉年华东区智慧农业馆的北京市植物总医院农业嘉年华工作站顺利建成并正式对外接诊。在嘉年华举办期间，每天安排不同领域的专家坐诊，为广大市民提供免费的植物健康管理咨询服务，迎来大量市民围观和咨询，提升了植物总医院的社会影响力。

2017年，植物总医院现场接待2 792人。其中，咨询蔬菜的有640人，咨询花卉的有922人，咨询果树的有177人，咨询其他的有1 053人（绿色防控技术、科普宣传等）。经调查发现，咨询蔬菜与果树的市民中，大部分市民在京郊进行租地种植，说明市民除了关注阳台农业之外，也开始参与到京郊农业中来。微信平台接诊人数2 508人，问诊信息量7 282条。

2018年，植物总医院现场接待3 624人。其中，咨询蔬菜的有605人，咨询花卉的有1 497人，咨询果树的有276人，咨询其他的有1 246人（绿色防控技术、科普宣传等）。微信平台接诊人数2 033人，问诊信息量5 190条。

2019年，植物总医院现场接待3 155人。其中，咨询蔬菜的有646人，咨询花卉的有

1 149人，咨询果树的有197人，咨询其他的有1 163人（绿色防控技术、科普宣传等）。微信平台接诊人数1 978人，问诊信息量4 956条。

（2）绿色防控技术展示

以集中宣传北京市植物保护站以保障安全为目标、以全程绿色防控技术为手段，为保障首都农产品质量安全所开展的一系列技术和法制工作，包括安全高效的生物农药和天敌产品，还包括北京市农药药械推荐名录和北京市蔬菜病虫害全程绿色防控示范基地名录。

北京市植物总医院不定期接待国内外科研院所、地方单位等人员来访，使更多的人了解植物总医院、了解病虫害绿色防控技术、了解阳台农业。

2017年9月7日，北京市农业局"绿色农业在您身边"政务开放日活动在北京市植物保护站举行。来自各个领域的30余位市民代表参观了植物总医院，了解了植物总医院的四大功能。通过讲解和参观，市民代表不仅看到了三级植物健康体系，还了解了北京市植物保护站以全程绿色防控技术为手段，为保障首都农产品质量安全所开展的一系列工作。此次活动树立并宣传了北京市植物保护站的形象。

由商务部主办、农业农村部全国农业农村技术推广服务中心国际合作处承办的2017年东南亚国家园艺作物栽培及病虫害防治培训班的30余名学员到北京市植物保护站参观学习。代表们参观了植物总医院，详细了解了蔬菜病虫害绿色防控平台，以及免费"住院"服务。

2018年韩国农村振兴厅领导及专家组一行6人到北京市植物总医院参观访问，了解了三级植物健康体系，参观了病虫害绿色防控技术平台，就生物防治等绿色防控技术进行了深入交流。来访的韩国代表团的专家们对北京市植物保护站建立的三级植物健康体系表示了高度的肯定，并对植物总医院向社会提供的公益性服务表示赞叹。

2018年8月31日，由全国农业技术推广服务中心国际交流合作处组织的农业技术推广体系建设与管理研修班的26名外籍学员来植物总医院参观学习。

2017年6月，团市委组织的新青年城市体验营之走进政务机关，青年代表来到北京市植物总医院参观，了解了三级植物健康体系以及该体系在促进京郊农业和城市阳台农业发展中所起到的作用，认识了植物医生为农户和市民提供作物病虫害咨询和诊断服务的相关流程。北京林业大学林学院城市林业专业学生来植物总医院参观学习，对北京市植物保护站的农作物病虫害绿色防控技术有了充分认识。植物总医院作为植保站形象和窗口的作用也越来越明显（图4-2）。

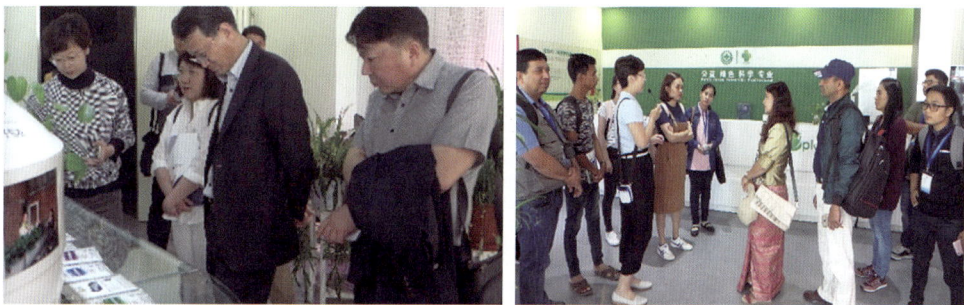

图4-2　社会各界参观植物总医院

（3）科普交流平台

植物总医院不定期举办科普讲座，不仅普及了阳台农业种植技术、病虫害识别与防治、绿色防控技术等相关知识，而且提升了植物医院在社会的影响力。

2017年4月11日，由北京市植物总医院举办的阳台农业系列讲座拉开序幕。第一讲，由北京农业职业学院老师带来"家庭花卉日常管理"科普讲座。随后，为发挥北京市植物保护站技术人员的专业水平，先后邀请相关专业技术人员，举办了"庭院果树栽培与病虫害防治""蔬菜小型害虫识别""带你一起认识天敌""农药究竟有多可怕"等5期讲座，受到市民的热烈欢迎和广泛好评。

2018—2019年分别邀请了科研院所专家和北京市植物保护站技术人员，举办了"体验插花艺术，探讨植保技术与鲜花保鲜的关系""幼儿识植物""蔬菜病虫害全程绿色防控技术与家庭种养小知识""家庭常见花卉的养护"和"认识蔬菜与天敌昆虫"等一系列讲座，受到市民的热烈欢迎和广泛好评，市民还希望植物总医院能多为大家举办类似的科普讲座。

北京市植物总医院不定期举办"植物总医院进社区"活动，工作人员以植物医生的身份走进社区、幼儿园，带来了"植物根系""盆栽蔬菜的种植"和"蔬菜害虫的识别与自制杀虫剂试验"等多场知识性强、趣味性强的植物科普活动，并让大家体验了播种、病虫害识别以及生物防治的乐趣。通过进社区活动，北京市植物总医院的工作人员向广大市民讲授了阳台农业及绿色防控知识，提高了广大市民的相关意识，普及了相关科学技术知识，"植物总医院进社区"活动成为广大市民了解阳台农业及绿色防控的有效途径（图4-3）。

图4-3 植物总医院的科普活动

（4）住院服务

自2017年2月4日起，北京市植物总医院的植物托管工作正式启动，市民家里有"生病"的盆栽蔬菜和花卉，都可以入住植物总医院，植物医院会提供的免费"床位"。

2017年，北京市植物总医院接收生病绿植31例，预约住院25例，经治疗后康复出院14例。2018年，北京市植物总医院接收生病绿植39例，预约住院56例，经治疗后康复出院33例。2019年，北京市植物总医院接收生病绿植34例，预约住院46例，经治疗后康复出院25例。植物托管服务开展以来，促进了门诊业务以及网上咨询业务的开展，为植物总医院进一步提升社会效益、扩大社会影响力提供了坚强后盾（图4-4）。

图4-4 植物总医院提供住院服务

3．植物总医院微信公众号

植物总医院微信公众号自植物总医院开业起开始运行，通过几年的积累和发展，现已成为植物总医院网上宣传的坚实阵地。

2016年，植物总医院成立第一年，微信文章阅读量即达到55 441人，微信公众号关注用户达4 058人。微信平台共发送文章691篇，阅读量近22万人，分享转发共计8 853人。

2017年，微信平台关注用户累计达5 293人。微信用户数量排在前3位的省份分别为北京市、河北省、山东省。广东省与河南省用户数量增长较快，用户咨询问题较多的作物分别为温室大棚蔬菜和花卉。微信用户数量排在前3位的城市分别为北京市、天津市、廊坊市。微信平台服务体现了以京津冀地区为重点，覆盖全国多数省份的特点。微信订阅号共发出文章664篇，其中原创文章440篇，转载文章224篇，文章阅读量累计231 634次，分享转发6 798次，阅读量和分享转发次数在稳步增长。

2018年，微信平台关注用户累计达6 710人。微信用户数量排在前3位的省份分别为北京市、河北省、山东省。全年用户咨询问题较多的作物为花卉和阳台蔬菜。微信用户数量排在前3位的城市分别为北京市、天津市、廊坊市。微信订阅号共发出文章654篇，其中原创文章438篇，转载文章216篇，文章阅读量累计235 930次，分享转发7 416次，阅读量和分享转发次数显著增长。

2019年微信平台关注用户累计达7 345人。微信用户数量排在前3位的省份分别为北京市（60.94%）、河北省（5.34%）、山东省（5.20%）。微信用户各年龄段人口结构为：46～60岁31.99%（2 350人），36～45岁27.95%（2 053人），26～35岁25.84%（1 898人），其他年龄段14.22%（1 044人）。全年用户咨询问题较多的作物为花卉、阳台蔬菜和果树。微信用户数量排在前3位的城市分别为北京市、天津市、廊坊市。微信平台服务体现了以京津冀地区为重点，覆盖全国多数省份的特点。微信订阅号共发出文章654篇，其中原创文章438篇，转载文章216篇，文章阅读量累计235 930次，分享转发7 416次，阅读量和分享转发次数显著增长。

三、区级植物医院建设

继2012年北京市首个基层植物诊所正式开诊、2015年底北京市植物总医院启动以来，2016年5月5日、5月6日，北京市延庆区和顺义区植物医院相继正式投入运行，区级植物医院是北京市三级植物健康体系的一部分，由市、区两级植保部门负责管理。至此，北京市已初步建成基层有植物诊所、区级有植物医院、市级有植物总医院的公益性三级植物健康体系。

为完善北京市三级植物健康体系建设，扩大植物诊所的服务范围，2018年新建2家区级植物医院，即房山区和平谷区植物医院。其中，房山区植物医院由北京比奥瑞生物科技有限公司负责常规运行，创新了区级植物医院的运行管理模式。

区级植物医院的建立不仅能向本区广大种植户提供公益性、科学性、规范性的作物病虫害诊断与咨询服务，还能更好地发挥绿色防控技术展示、植物诊所管理、植物医生培训等功能，在促进绿色防控技术推广、化学农药减量和保障农产品质量安全方面具有重要意义。

05 第五章 PART FIVE
植物诊所取得的主要成绩

一、大力推动了病虫害绿色防控技术落地转化

自2006年农业部提出大力推广绿色防控技术起，全国各级农业植保部门通过技术研发、技术集成、培训示范、补贴推广等多种方式，整合政府、企业、科研单位等资源，引进、示范和推广了一大批绿色防控技术，但绿色防控技术推广落地效果一直不佳。

绿色防控技术之所以推广应用难，从宏观来看，其较高的应用成本是主要因素。以防治草莓二斑叶螨为例，喷施哒螨灵等常规国产杀螨剂每亩仅需成本不足10元，即使进口的联苯肼酯也不超过30元/亩，但如果使用智利小植绥螨进行防治，每亩成本单次超过200元；从微观来看，绿色防控技术之所以推广落地难，核心在于其较为复杂的技术要点，如部分生物药剂需要避光保存、天敌释放需要掌握合适的时机。许多农民会将操作不当导致的效果不佳归因为产品本身的质量问题，从而造成不愿意使用的现象。

几年来的实践表明，由于植物诊所的广泛存在，北京市绿色防控技术和配套产品得以迅速发展。智利小植绥螨、东亚小花蝽、异色瓢虫、赤眼蜂、授粉蜜蜂等一批天敌和授粉昆虫，防虫网、粘虫板、地布等理化诱控产品，寡糖链蛋白、哈慈木霉、印楝素、淡紫拟青霉等生物农药，以及联苯肼酯、乙基多杀菌素、氟吡菌酰胺等高效低风险化学农药，在园区基地、农民专业合作社乃至普通小农户中得到广泛推广应用，大幅替代了传统的化学防治，绿色防控覆盖率逐年上升。

统计数据表明，到"十三五"末期，2020年北京市农药使用量（折百）337.72吨，农药利用率45.02%，统防统治覆盖率51.88%。农药使用量较"十二五"末期降低41.96%，均已全面完成"十三五"制定的考核目标。

植物诊所能够有效推动绿色防控技术和产品落地的原因，一是植物医生提供了面对面交流的机会，能够详细地介绍产品的使用要点、注意事项，而且把使用方法以处方的形式提供给用户，很大程度上提升了绿色防控技术科学使用的效果；二是植物诊所长期、固定存在，给用户提供了多次、持续交流咨询的机会，可以针对前期防治效果等持续改进使用方法，因而取得了较好的防控效果，得到了农民的逐步认可，改变了农户的选择行为。

二、有效扩大了植保公益性服务覆盖范围

2012—2021年，通过近十年时间的建设，北京市基本建立了全国首个公益性三级植

物健康体系，涵盖1个市级植物总医院、4个区级植物医院和115个基层植物诊所，累计培养植物医生650人，服务范围覆盖13个区，176个乡镇，1 746个村，年服务农户咨询上万人次，建立了一个覆盖广泛、运行高效、服务规范的三级体系。

依托于分布广泛的植物诊所提供的面对面技术咨询服务，北京市在破解农民的作物病虫害咨询和防治的难题上取得了破题性成果，受到了农业农村部、北京市各级领导的关注和肯定，各级各类媒体给予了广泛报道，接待其他省份和国内外的植保科研、推广机构来访20余次。

植物诊所提供的处方量，从2012年试点时期的246个，增加到2020年的6万余个，呈现几何式增长趋势。每一个处方的背后，都解决了一个农民面对病虫害时不确定的诊断和防治难题。2012年以来，北京市各级植物医院和诊所累计开具处方数近20万个，植物医生坐诊、出诊上万次，服务区域延伸到河北廊坊、三河以及天津的武清等地区。植物医院和植物医生为农业生产者提供了实时的、科学的病虫害诊断和防治建议，以及科学安全用药的建议，减少了无效化学农药的投入，更重要的是延伸了公益性植保服务的链条，解决了植保技术推广"最后一公里"的难题，以有限的投入，高效地让近20万人次的农民享受到了政府公共服务。

三、从源头破解了农产品质量安全监管难题

"民以食为天，食以安为先"，农产品质量安全事关国计民生。产品质量安全监管传统上主要依靠农业执法部门对农药产品和农产品的抽样检测。监管的主要目的是"堵"住违法、违规的产品和技术，但是其本身面临抽样样品少、覆盖不足等一系列问题。此外，从操作层面来看，以有限的政府执法人员去监管数量庞大的农民，其监管效果必然无法保障。从监管逻辑来看，即使完全堵住了漏洞，也只解决了"不让用什么"的问题，却没有告诉农民"应该用什么"，没有彻底解决农民的作物病虫害防治问题。

固定或流动的植物诊所提供了一个"面对面、一对一"的技术咨询和指导服务，不仅告诉农户什么是有效的、什么是安全的、什么是不安全的，并且将咨询的结果以处方的形式固化，防止操作时忘记要点，解决了农民"可以用什么"的问题，"变堵为疏，疏堵结合"，对从根本上解决农产品质量安全问题具有重要借鉴意义。

近年来，北京市未发生一起农产品质量安全事件，农产品质量安全合格率稳定在98%以上。绿色、有机生产基地发展迅速，北京市共有绿色、有机、地理标志农产品（三品）认证主体1 406家，产品5 788个，产量182万吨，菜篮子产品"三品"产量覆盖率达到86.9%，位居全国前列。植物诊所提供的广泛、有效的服务，有效提升了农产品品质和市场竞争力，为推动农业绿色发展奠定了坚实的基础。

四、领导关怀

近年来，北京市植物诊所不断发展，三级植物健康体系逐步完善，受到有关领导和部门的重视。有关领导均给予植物诊所高度评价并提出工作要求，希望北京市三级植物

健康体系不断发展完善，为北京农业绿色发展贡献力量（图5-1）。

图5-1　2019年4月，CABI国际发展部执行主任Ulrich Kuhlmann博士、瑞士中心
科学家Luca Heeb和北京代表处张峰博士视察昌平巨禾植物诊所

五、媒体报道

北京市植物诊所和三级植物健康体系在建设和发展过程中赢得了广泛的社会关注，受到多家媒体的宣传报道，包括人民日报、新华网、中国国际电视台、农民日报、北京电视台、北京广播电视台、北京日报、千龙网等20多家中央级、省级和行业主流媒体，进行了70余次的宣传报道。

展 望
PROSPECT

经过2012—2021年近10年的探索和实践，由政府支持，依托基层社会化组织（机构）建立运行的植物诊所，为分散生产的种植户提供公益、绿色、专业、科学的病虫害诊断与防治技术咨询服务，是解决种植户病虫害识别诊断难、绿色防控技术推广应用难的有效形式，符合当前北京都市型现代农业发展趋势，符合产业发展前景和农民个性化需求，符合全面推进乡村振兴的政策要求，在京郊地区表现出了蓬勃的生命力。

我们还将在有关部门的大力支持下，在社会力量的积极参与下，继续全面推进植物医生培养和三级植物健康农技服务体系建设。计划在未来3～5年，植物医生培养人数达到1 000名，植物诊所建设达到150家，区级植物医院达到11家，服务覆盖北京市所有涉农乡镇，打造完备的三级植物健康农技服务体系。结合北京市农药减量使用管理系统，开展以作物健康保障卡和植物医生处方服务为纽带的植物健康综合服务平台建设，将病虫害防治、绿色防控产品补贴、农药管理有机整合，弥补公共植保服务基层覆盖面的不足，为农产品质量安全监管提供新思路。

未来我们还将进一步创新诊所运行模式，优化管理机制，拓展植物诊所的产业和地域覆盖，扩大诊所在京津冀地区的影响力和公信力，将基层植物诊所作为植保公益性服务体系的重要抓手和有效补充、作为植保新技术和新产品的推广应用平台、作为推动化学农药减量使用和保障农产品质量安全等职能落地的服务平台、作为农作物病虫害数据收集分析和预测预报平台，并根据植物诊所处方大数据，科学把握植保科技发展需求，为植保科技立项提供重要参考。

参考文献
REFERENCES

刘刚，2012．中国植保学会组织召开推进农作物病虫害专业化统防统治专家座谈会［J］．农药市场信息（6）：44．

乔岩，郭喜红，张群峰，等，2018．农药减量使用信息管理系统的建立与应用［J］．中国植保导刊，38（4）：81-83．

王磊，乔洪民，张楠，等，2016．北京农业科技发展特点及展望［J］．农业展望（6）：47-51．

王铭堂，张涛，肖长坤，2011．北京农民田间学校的实践与探讨［J］．北京农业职业学院学报，25（3）：583-594．

魏肖楠，赵磊，乔岩，等，2019．北京植物诊所助力北京市农药减量行动［R］．（2019-08-01）［2021-07-25］．https://www.cabi.org/wp-content/uploads/Working-paper-13-Full-Chinese.pdf.

吴佩林，鲁奇，王国霞，2004．近20年来北京市耕地面积变化及其相关社会经济驱动因素分析［J］．中国人口·资源环境，14（3）：109-115．

肖长坤，周春江，王克武，等，2012．北京植物诊所建设的探索与实践［J］．中国植保导刊，32（11）：57-60．

赵磊，张涛，郑书恒，等，2018．运行植物诊所破解绿色防控技术推广难题［J］．中国植保导刊，38（2）：84-86．

周婷，张光连，陈良玉，2008．北京市农业科技服务体系建设问题与对策［J］．安徽农业科学，36（36）：16218-16219，16256．

Danielsen S，Mur R，Kleijn W，et al.，2020．Assessing information sharing from plant clinics in China and Zambia through social network analysis［J］．The Journal of Agricultural Education and Extension，26（3）：269-289．

Romney D，Day R，Faheem M，et al.，2013．Plantwise：Putting innovation systems principles into practice［J］．Agric Dev，18：27-31．

Stefan T，Tao Z，Buyun W，et al.，2020．Sustainable pest management through improved advice in agricultural extension［J］．MDPI Sustainability，12（17）：1-20．

Wan M，Gu R，Zhang T，et al.，2019．Conflicts of interests when connecting agricultural advisory services with agri-Input businesses［J］．Agriculture，9（10）：1-19．

Zhang T，Toepfer S，Wang B，et al.，2017．Is business linkage affecting agricultural advisory services［J］．International Journal of Agricultural Extension，5（1）：59-77．

图书在版编目（CIP）数据

北京市植物诊所的探索与发展 / 北京市植物保护站组编. —北京：中国农业出版社，2023.4
ISBN 978-7-109-30656-1

Ⅰ.①北… Ⅱ.①北… Ⅲ.①植物保护—单位—概况—北京 Ⅳ.①S4-29

中国国家版本馆CIP数据核字（2023）第070503号

中国农业出版社出版
地址：北京市朝阳区麦子店街18号楼
邮编：100125
责任编辑：谢志新 郭晨茜 文字编辑：王禹佳
版式设计：王 晨 责任校对：吴丽婷
印刷：北京通州皇家印刷厂
版次：2023年4月第1版
印次：2023年4月北京第1次印刷
发行：新华书店北京发行所
开本：787mm×1092mm 1/16
印张：5.5
字数：137千字
定价：68.00元